本书的出版得到了山东省自然科学面上基金项目“基于远程水声通信的智能信号识别系统研究”（编号：ZR2022MF347）和泰山学院学术著作出版基金资助

基于深度学习的深浅海水声信号分类识别技术

王岩　成霄　肖静　魏强　吕曜辉　沈梦溪　著

扫一扫查看
全书数字资源

北　京
冶 金 工 业 出 版 社
2023

内容提要

本书详细介绍了如何利用深度学习方法处理水声通信中常见的时间衰落、信号长度变化以及多普勒效应等问题，以在深浅海多途干扰信道下实现高效准确的水声通信信号自动识别。

本书可供水声通信领域的工程技术人员和科研人员阅读，也可供高等院校相关专业的师生参考。

图书在版编目(CIP)数据

基于深度学习的深浅海水声信号分类识别技术／王岩等著．—北京：冶金工业出版社，2023.10

ISBN 978-7-5024-9561-9

Ⅰ.①基… Ⅱ.①王… Ⅲ.①深海—水声信号检测—识别 ②浅海—水声信号检测—识别 Ⅳ.①TN929.3

中国国家版本馆 CIP 数据核字(2023)第124010号

基于深度学习的深浅海水声信号分类识别技术

出版发行 冶金工业出版社 **电　话** (010)64027926
地　址 北京市东城区嵩祝院北巷39号 **邮　编** 100009
网　址 www.mip1953.com **电子信箱** service@mip1953.com

责任编辑 王　颖 美术编辑 彭子赫 版式设计 郑小利
责任校对 范天娇 责任印制 禹　蕊
北京建宏印刷有限公司印刷
2023年10月第1版，2023年10月第1次印刷
710mm×1000mm 1/16；8印张；155千字；119页
定价 99.90 元

投稿电话 (010)64027932 投稿信箱 tougao@cnmip.com.cn
营销中心电话 (010)64044283
冶金工业出版社天猫旗舰店 yjgycbs.tmall.com
(本书如有印装质量问题，本社营销中心负责退换)

前　言

海洋覆盖了大约71%的地球表面积，其中蕴藏的丰富资源，需要人类深入探索。海洋开发离不开通信技术的支持，然而因为海水介质的特殊性，导致在陆地上常用的通信频段（包括无线电波和光波等）都无法在水下远距离传输。海水是一种各向同性介质，对高频电磁波吸收严重，所以海下远距离通信通常采用声波方式。但是水声信道在时域、频域和空域复杂多变，导致信号衰落大、多普勒效应明显以及传输带宽有限等问题。由于水声信道的这些特性影响，水声通信信号调制方式的自动识别被认为是一项困难而又艰巨的工作。

调制方式自动识别作为软件无线电、认知无线电的核心功能，已经在军事领域和民用领域有着广泛的使用。通信信号调制方式的识别属于分类任务的一种。在数据分类识别方面，深度学习算法在近几年取得了巨大的进步。这种新算法已经在图像识别、语言理解和机器翻译等多个领域超越了传统方法。深度学习算法取得如此成就的原因在于有大量数据的支持、算法设计的推陈出新和底层硬件算力的进步等方面。但是在同样拥有大量数据的通信领域，深度学习算法还没有得到广泛应用。调制方式自动识别作为一种通信过程中典型的分类识别任务，也可以通过深度学习的方法来解决。

本书围绕水声通信中常见的问题，包括时间衰落模型、变化的信号长度以及多普勒效应等问题，在深浅海多途干扰信道下采用深度学习方法来处理这些干扰因素，实现了高效、准确的水声通信信号调制方式自动识别。主要研究内容如下：

(1) 提出在深浅海信道下，适应不同时间衰落模型影响的深度异构和短连接网络结构的调制识别算法。针对水声信道典型时间衰落模型，设计合理的网络结构形式，通过网络结构内部层与层之间的特征映射来捕获关键高级特征信息，从而提高网络模型学习水声通信数据特征的性能。

(2) 针对深浅海信道下，可适应变化信号长度的分支和稀疏多路网络结构调制分类识别算法。通信信号在传输过程中都是变化的，但是深度学习网络需要输入固定长度的数据，这给调制识别造成了很大影响。针对这个问题，需要合理规划网络结构形式，使只能输入固定长度的深度学习网络可以适应识别变化长度的水声通信信号。

(3) 适用于多普勒效应的时序和多跳网络结构的深度学习算法研究。对多普勒效应带来的影响水声通信的问题，分别研究了适应于浅海的时序深度网络算法和针对深海的多跳深度网络算法。

本书由泰山学院王岩、成霄、肖静、魏强，中国海洋大学吕曜辉、沈梦溪撰写。本书的出版得到了山东省自然科学面上基金项目“基于远程水声通信的智能信号识别系统研究”（编号：ZR2022MF347）、泰山学院学术著作出版基金的资助，在此表示衷心感谢！

由于作者水平所限，书中疏漏和不妥之处在所难免，敬请广大读者批评指正。

作　者

2023年3月31日

目　　录

1 绪　　论

1.1 概　　述

在陆地资源渐渐无法满足人们日益增长的需求时，人类开始更多关注拥有丰富资源的海洋。随着人类对海洋开发的不断深入，在复杂海洋环境中收集大量海洋数据，并快速可靠传输已成为海洋开发的必要手段[1]。水下无线通信技术是实现海洋探测开发的主要通信方式之一，一直是学界研究的热点。水下无线通信技术指的是通过使用无线方式在非制导水下环境中进行数据传输，这里的无线方式主要是指射频波、光波和声波。由于水下无线通信对高频电磁波的吸收特性[2]，陆地上使用的无线电磁波不能在水下长距离传输[3]。射频波根据频率不同传输距离为几厘米到几十米[4]，光波传输距离为几十米到几百米[5-7]。能在海水这种对高频电磁波吸收严重的特殊环境下进行远距离传播的方式主要是声波，一般可达上千米[8-10]，具体见表 1-1。在海洋中进行的远距离通信、水下声呐定位、海洋环境监测等工作大都需要通过声波在水下传输相关数据。声波作为水下远距离传输的主要手段，在水声无线通信的研究及系统开发方面获得了广泛应用。

表 1-1　水下无线通信技术比较

传输方式	通信距离/m	传输数据速率量级	水下传播速度 /m · s^{-1}	应用场景
声学方式	≥1000	kb	约 1.5×10^{3}	长距离，小数据量传输
电磁方式	≤10	Mb	≤3.16×10^{7}	水上水下界面处通信，浅水区通信，水下近距离传感器组网
光学方式	10～100	Gb	≤2.25×10^{8}	在水下清澈环境下，视距数据传输

注：kb 代表 kilo bit，千比特；Mb 代表 Mega bit，兆比特；Gb 代表 Giga bit，吉比特。其中电磁方式和光学方式的水下传播速度，与实际水体环境有关。

从通信角度来看，水下信息传输的载体是水体本身，相当于陆地无线通信的传输介质空气。水下信道是一种在水上水下两个界面、不均匀水体、随机液态介质、时间分散的慢衰落形式的信道[11-13]。水声通信能量损失随着距离、频率的增加而增加，因此可用带宽窄、信道容量小。在传播过程中时空频变严重并且多途干扰显著，对水声通信过程干扰很大[14-17]。因为海水随着深度的变化，其温度、盐度、压力都会不断变化。加之海底复杂的环境和地质的不同，声波在传播过程中反射、散射情况复杂多变，使接收信号会严重衰减扭曲变得难以识别[18,19]。在水下采集数据的相关设备，包括潜标、自主式水下潜器（Autonomous Underwater Vehicle，AUV）和水下滑翔机等设备，都会产生多普勒频移的问题并严重影响其通信的过程[20,21]。除因为水下自身环境造成的影响外，外部的影响因素包括舰船活动，海洋气候、海上风速等因素也造成了对水声通信的极大干扰[22-24]。常见水声通信传输能力见表 1-2。

表 1-2　水声通信传输能力

通信距离	通信范围/km	通信带宽/kHz
超长距离	≥1	<1
长距离	10~100	2~5
中等距离	1~10	约 10
短距离	0. 1~1	20~50
极短距离	<0. 1	>100

在包含多种复杂影响因素的水下环境中，实现高效稳定的水声通信就离不开对通信信号调制方式的准确识别。高效的调制模式对提高通信效率十分重要，因此调制解调是通信系统的核心功能之一，也是最基础、最重要的技术之一。在非合作通信条件下，自动调制方式识别（Automatic Modulation Classification，AMC）作为通信系统解调信号前的关键环节，可以直接通过接收到的通信信号识别出其采用的调制方式，从而实现接收信号的自动处理[25-27]。在软件无线电、认知无线电系统中，AMC 已成为实现无线电系统智能化的核心部分[28-30]。AMC 技术在军事领域和民用领域都具有重要现实意义，从而推动了该技术在军民通信领域的广泛研究[31]。在民用领域，主要涉及无线频谱管理、非法用户侦测及频谱资源的监控维护等方面，以及链路自适应系统（Link-Adaptation Systems，LAS），该系统可以根据信道变化情况，自适应地选择适合信息传输的最佳调制方式，从而提高通信系统的效率。在军事领域，主要应用是干扰敌方通信和信息捕获破译。这些应用都需要先识别出对方的信号调制方式，才能进一步进行破译，或者使用相同的调制方式调制出较高功率的类似信号来超越相同频带中的敌方信号，从而实现干扰敌方通信的目的。这个过程必须使用调制分类器检测出敌方的调制方案，才能调制干扰信号。但是 AMC 的研究在水声通信领域还未深入展开，比陆地无线通信环境更加困难的水声通信环境亟待采用更先进的技术手段来进行更好的通信信号调制方式的识别。

AMC 技术的传统实现方式主要包括两方面，一方面是使用基于似然的决策理论来进行判断，另一方面是采用对接收信号的统计特征提取来识别[32,33]。基于特征提取的方法使用更广泛，主要是因为这种方法拥有较低的复杂度、更快的处理速度以及更好的性能。尽管特征提取的方式降低了复杂度，却依然无法实现通信过程中实时信号分析的要求。然而，常用的特征提取的方法需要获取大量通信信号数据的先验知识，并由此提取信号特征来提高调制识别率。特别是在先验知识不足的情况下，最终结果的精度以及模型泛化的能力都并不能令人满意。尤其在复杂的水声信道中这种情况变得更加明显。深度学习（Deep Learning，DL）方法凭借着能够学习隐藏在数据集中高级表征的形式，已经在图像识别、语言理解和机器翻译等多个领域中取得了巨大成功[34-36]。这些取得了巨大进展的研究领域，基本的工作都是进行分类识别操作，AMC 也属于这种任务。采用 DL 方法进行通信信号的分析处理，然后进行调制类型的识别是一种更高效、可行的手段。虽然在深度网络训练过程中需要花费一定时间，但在实际使用时采用的是训练好的网络模型。这种训练好的网络模型在专用神经网络硬件的支持下，运算并产生结果的时间都小于毫秒级。这时将训练好的 DL 网络模型部署在通信系统中，可以实现实时响应的通信信号调制方式的识别。不但可以降低水声通信系统的复杂度，加快通信过程处理速度，同时也为水声通信系统的革新和效率的提升开拓了极具开创性的思路。所以采用 DL 方法对水声通信的信号调制方式识别具有重要的现实价值和创新意义。

1.2 国内外研究现状

随着通信技术的不断发展，调制方式从模拟到数字、从低阶到高阶，使用的调制方式越来越多，也越来越高效。对应的识别算法也在不断地推陈出新，这些算法理论方式各异，从大体上看可以归结为最大似然分类识别法（Likelihood-Based，LB）和特征提取识别法（Feature-Based，FB）两大类。LB 算法通过接收信号的似然函数，将得出的接收信号似然比与一个合适的判别阈值进行比较，来实现通信信号的调制方式分类。LB 算法本质是通过最小化错误分类的概率来获得结果，所以这种解决方案在贝叶斯意义上是最佳的。FB 算法通常通过提取接收信号中的若干信号特征，并且基于它们判断接收信号的不同调制方式。虽然基于 FB 的算法不是最优的，但是如果算法设计得当，通常实现更容易，并且复杂度较 LB 算法更低。

1.2.1 LB 识别法

LB 算法将调制识别过程表示为多个假设检验问题，其中每个调制方式由一个假设表示。通过计算针对接收信号的似然函数，选择具有最高似然性的结果作为调制类型的判别依据[37]。LB 算法主要包括两个步骤。第一步，利用观察到的信号样本评估每种调制假设的似然性。第二步，比较不同调制假设的可能性以得到分类判别结果。LB 算法主要分为平均似然比检验（Average Likelihood Ratio Tests，ALRT）、广义似然比检验（Generalized Likelihood Ratio Tests，GLRT）和混合似然比检验（Hybrid Likelihood Ratio Tests，HLRT）三大类。

在最大似然（Maximum Likelihood，ML）分类算法中，要求除信号调制形式外，所有参数都是已知的[38-40]。具有完美的信道知识这种理想条件通常都是难以达到，所以针对现实的问题这种方法通常难以使用。ALRT 算法针对 ML 算法的问题，可以有效解决未知参数问题，并且在调制分类中有更好的表现[41]。ALRT 似然函数用其所有可能值及其对应概率的积分替换未知参数[42]。当引入了未知参数后，ALRT 似然函数的形式会变得更加复杂，导致计算复杂度的增加[43-45]。为了降低计算复杂度，文献［46］为未知参数添加了限制要求，这时能否正确识别调制方式就取决于信道模型的准确性。虽然降低了复杂度，但是如果无法获得准确的信道模型，则该方法仅是最佳 ALRT 分类器的次优近似。该算法还要对未知参数进行估计，导致性能的下降。不但增加了复杂性，还进一步增加了最终结果的不确定性。

因为 ALRT 算法存在的问题，采用 GLRT 算法可以提高分类效果并降低计算复杂度[47]。与 ALRT 不同，GLRT 算法的似然函数将未知参数的积分计算替换为未知参数的可能间隔内的似然最大化。虽然 GLRT 算法比 ALRT 算法显著降低了复杂度，但是对正交振幅调制（Quadrature Amplitude Modulation，QAM）嵌套信号星座图（如区分 16-QAM 和 64-QAM）难以进行区分。为了解决嵌套信号星座图区分的问题，提出了 HLRT 算法[32]。这种算法结合 ALRT 算法对嵌套信号星座图具有良好的区分性，又具备 GLRT 算法相当的复杂度。通过对发送的符号求平均，然后相对于载波相位最大化所得的似然函数，来计算信号使用调制方式的似然性。文献［48］进一步降低了 HLRT 的计算复杂度，提出了准 HLRT 算法，可以在信号幅度、相位和噪声功率未知的情况下进行有效的调制识别。

除上述常规 LB 算法之外，还可以通过收集大量接收信号的方式，分析调制信号的经验分布来研究调制的分类情况。使用经验分布可以重建信号分布，也可以通过接收信号的分布来分析接收到的信号调制方式。如果已经具有不同调制方式的理论分布情况，则将已知理论分布与要分类信号分布进行匹配，即可获得最终的调制方式判断结果。理论和实际分布之间的差异称为拟合度（Goodness of Fit，GoF），通过找到具有最佳 GoF 的假设信号分布即可完成调制分类任务。Kolmogorov-Smirnov test（简称 KS 测试）方法主要用来评估两种概率分布的相似性，可以用来进行 GoF 检验[49]。文献［50］首先采用 KS 测试进行了调制分类，说明了这种方法对比 LB 算法具有更低的复杂度和更高的识别稳健性。

1.2.2 FB 识别法

与 LB 方法相比，用 FB 方法来完成调制识别任务相对更容易，但是这种方法是次优的。FB 方法通过两步来完成调制类型的识别：首先，获取接收信号代表性特征用于分析，而不是将接收信号作为单独分离的个别符号来处理。其次，通过各种分类器算法区分所选特征量，以便做出关于调制类别的判定。FB 方法的分类能力和工作效率主要取决于所选接收信号特征的分类能力和使用的区分信号特征分类器的能力。常用的 FB 方法归纳如下。

（1）基于接收信号的谱特征。文献［51］［52］指出基于信号光谱特征的方式，可以用于基本模拟和数字调制的分类。这些信号的光谱特征利用了不同信号调制形成的独特光谱特性，即幅度、频率和相位。由于不同的信号调制在其幅度、频率和相位上会表现出不同的特性。然后使用决策树算法来实现对特征的区分，最终实现调制方式的分类。

（2）基于小波变换的特征。傅里叶变换通过时域到频域的转换，提供了对信号频域的主要分析方法。但是通过傅里叶变换得到的信号频谱信息，前提假设是分析的信号是静止的并且其频谱是时不变的。这对于调制识别这种以非平稳信号为主的信号源，引入小波变换成为研究时频域信号的一般解决方案，并且小波变换具有降低噪声对信号干扰的优势。文献［53］首先提出了使用小波变换来区分数字调制信号，可以区分频移键控（Frequency Shift Keying，FSK）和相移键控（Phase Shift Keying，PSK）。文献［54］使用连续小波变换作为特征量，使用多层前馈神经网络作为分类器。使用这种神经网络方法的目的是在没有任何先验信号信息的情况下，可以区分不同形式的移位键控调制方式和调制顺序。文献［55］评估了广义自回归条件件异方差模型与 AMC 离散小波变换相结合的有效性。通过分析发现小波系数具有异方差性，广义自回归条件件异方差模型更适合于表示它们。提取广义自回归条件件异方差模型的参数作为特征，使用支持向量机（Support Vector Machine，SVM）分类器，可以同时确定调制类型和星座大小。

（3）基于高阶和循环累计量的特征。文献［56］是第一个提出采用解调信号幅度的三阶累计量的统计矩作为调制分类特征用于 AMC 任务。文献［57~59］提出将四阶累积量作为调制分类的特征。结果表明，基于累积量的分类在分层方案中使用时效果明显，能够以较低的信噪比分离成子类，使用的样本量比较小。文献［60］研究了六阶和更高阶累积量，通常认为高于六阶的统计量由于其相对大的测量误差不能提供额外识别增益。但是通过实验证明使用六阶循环累积量可以改善 AMC 性能。文献［61］解释了高阶统计量在分类未知调制方案中的工作原理，在识别各种信号时需要高阶的统计数据的原因，以及在开发有效分类器时应选择哪些特征。文献［62］采用高阶循环累积量来区分平坦衰落信道中的线性数字调制。受益于基于高阶循环累积量的特征对未知相位和定时偏移的鲁棒性，更适合于用于对抗衰落效应的空间分集，并能提供显著的性能改进。文献［63］采用基于一阶循环平稳算法，用于 FSK 和幅度调制（Amplitude Modulation，AM）信号的联合检测和分类。这种算法避免了对载波和定时恢复的需要，以及信号和噪声功率的估计。文献［64］使用的基于循环平稳性的特征，证明该算法在相位和频率偏移以及相位噪声方面是稳健的。

1.2.3 基于深度学习的调制识别方法

因为水声信道面临恶劣通信环境，AMC 在水声通信方面的研究不是很多，目前绝大多数的基于 DL 算法的调制识别方法还是通过陆地无线通信来研究的。虽然两种信道差别较大，但是类似问题的处理思路可以互相借鉴。所以本书从水声信道和陆地无线信道这两方面来介绍 DL 算法在 AMC 领域的应用。

1.2.3.1 水声信道

文献［65］提出了一种水声通信信号的调制识别模型，它由去噪自动编码器和深度稀疏自动编码器组合而成。文中使用去噪自动编码器重建信号作为预处理以增强信号，然后使用重建信号作为训练数据集来训练深度稀疏自动编码器以对 4 种调制类型的水声通信信号进行分类。去噪自动编码器对输入的数据具有鲁棒性，可以更好地学习到信号数据表征。此外，稀疏编码可以使表示学习更有效。文献［66］结合长短期记忆网络（Long Short-Term Memory network，LSTM）和卷积神经网络（Convolutional Neural Network，CNN），提出了一种新型的水声通信 AMC 深度神经网络模型。CNN 学习时域 IQ 数据，LSTM 学习信号幅度和相位信息。通过具有 α 稳定脉冲噪声和多普勒频移的多途衰落水声信道产生了基于仿真真实海洋环境的信号数据集。实验结果验证了该方法对突发低信噪比信号具有较高的识别率，并且在 α 稳定脉冲噪声下具有更稳定的性能。文献［67］在直接序列扩频（Direct Sequence Spread Spectrum，DSSS）、单载波和正交频分复用（Orthogonal Frequency Division Multiplexing，OFDM）水声通信方式下，采用 CNN 进行调制方式的识别，取得了超过 90%的识别率。

1.2.3.2 陆地无线信道

目前绝大多数 DL 方法应用于 AMC 领域的研究成果均在陆地无线通信环境，下面通过介绍陆地无线通信 AMC 的研究现状，作为研究水声通信的 AMC 技术参照。

A 特征提取后使用 DL 方法作为分类器

这种分类器参照 FB 算法的研究思路，着重于特征提取后使用 DL 方法用于对信号特征数据集的分类，通过 DL 方法作为分类器能够显著提升对特征的分类性能。

文献［68］通过从接收的信号样本中提取谱特征和高阶累计量等信号特征，通过具有三个隐藏层的完全连接的深度神经网络（Deep Neural Networks，DNN）的分类器来进行调制方式的识别。经过测试试验的结果表明，与现有的分类器相比，所提出的方法带来了显著的性能提升，尤其是在多普勒频移严重的衰落信道中效果更好。文献［69］提出了一种采用谱相关函数（Spectral Correlation Function，SCF）特征的基于 DL 方法的 AMC 方法。使用深度信念网络（Deep Belief Network，DBN）用于调制模式的识别和分类。该方法证明通过有效地学习调制类型复杂模式的抗噪声 SCF 签名，存在复杂环境噪声的情况下，也能实现调制类型的检测并保持分类的高精度。文献［70］通过利用空间变换网络将注意力模型用于调制识别任务。该注意力模型允许网络学习对信号结构无先验知识情况下的盲分类方法，能有效提高分类准确性。使用这种架构形式，能够取得优于类似信噪比下对相同系统的识别精确度结果，而且这种注意模型还可以用于除调制识别的其他任务。文献［71］提出了一种基于 DNN 的 AMC 方法。虽然传统的 AMC 技术对于加性高斯白噪声信道表现良好，但是对于衰落信道，其中信道增益的幅度和相位随时间变化的情况下，分类精度会降低。揭示了对衰落信道有效的特征与已知对加性高斯白噪声（Additive White Gaussian Noise，AWGN）信道增益的特征不同。然后介绍了一种基于 DNN 方法的新型增强 AMC 技术。使用本书研究的基于 DNN 分类器广泛且多样化的统计特征，训练出具有四个隐藏层的全连接前馈网络，以针对若干衰落场景对调制类型进行分类。实验表明，与衰落信道中现有的 AMC 方法相比，所提出的技术提供了明显的性能增益。文献［72］提出了一种自动提取调制特征的方法，并根据提取的特征对输入信号进行分类叠加地去噪自动编码器的调制分类。在快速分类方案中，揭示了分类速度应该优先于分类准确性。因此对于这种情况，通过获取短符号序列，使快速分类更容易。为了提高分类精度采用了高阶累积量，因为这种特征优于其他抗噪声特征。通过实验得到的平均分类精度、个体分类精度、执行时间和信号采样同步影响的结果上来看，该方法显示了与其他方法相比的显著性能优势。文献［73］指出空间相关性是多输入多输出（Multiple-Input Multiple-Output，MIMO）系统的决定性因素，同时在接收信号调制识别方面带来了一些问题。这里主要专注于空间相关 MIMO 系统中的盲数字调制识别，并提供基于极端学习机（Extreme Learning Machine，ELM）和高阶统计特征的鲁棒信号识别算法。在无须事先了解信道和信号参数的情况下，用于 MIMO 信号调制方式识别。ELM 的优越性在于隐藏节点的随机选择和分析确定输出权重，这使得计算复杂度较低。从理论上讲，该算法倾向于以更快的学习速率提供出色的模型泛化性能。此外，仿真结果表明 ELM 可以获得理想的调制识别性能，可用于解决低信噪比的 MIMO 调制识别。

B 将调制星座图转为图像进行识别

由于大部分 DL 方法源于图像识别领域，所以在调制识别时，有种思路就是把接收信号的调制方式转换成图像，再通过 DL 方法来识别信号的调制方式。文献［74］解决了在通信系统中使用 DL 的问题，使用 CNN 用于完成调制分类任务。将原始调制信号转换为具有网格状拓扑的图像，并将它们输入 CNN 进行网络训练。对比基于累积量和支持向量机的分类算法，性能更优越。仿真结果显示，所提出的基于 CNN 的调制分类方法实现了比较高的分类精度，无须手动选择接收信号的特征。文献［75］提出了一种智能星座图分析仪，通过基于 CNN 的 DL 技术实现调制模式的识别和光信噪比的估计。利用特征提取和自学习的能力，CNN 可以从图像处理的角度处理其原始数据形式（图像的像素点）的星座图，而无须人工干预或数据统计。实验表明与其他几种传统的机器学习算法相比，CNN 实现了更好的精度，明显优于其他方法。此外，还全面研究了多种因素对 CNN 性能的影响，包括训练数据大小、图像分辨率和网络结构。所提出的技术还可以嵌入测试仪器中以执行智能信号分析或应用于光学性能监测。

C 直接使用 DL 方法进行调制识别

受 DL 技术在图像识别领域中应用的启示，实际上随着 DL 规模的扩大和层级的加深，完全可以在不提取接收信号特征的情况下对接收信号的调制形式直接进行识别。文献［76］提出了一种新的数据转换算法，以获得更好的通信信号调制分类精度。证明新方法的 DL 方法将带来信号调制分类精度的显著提高，并使用了常用 DL 方法进行了比较。文献［77］研究了分布式无线频谱感知网络的调制分类问题。首先，提出了一种基于 LSTM 的 AMC 新型数据驱动模型。该模型从训练数据调制方式的时域幅度和相位信息中学习，而不需要诸如高阶循环累计量的信号特征。分析表明，所提出的模型在 0dB 至 20dB 的不同信噪比（Signal to Noise Ratio，SNR）条件下产生接近 90%的平均分类精度。此外，还探索了这种 LSTM 模型在可变符号率场景中的使用。基于 LSTM 的模型可以学习可变长度时域序列，在分类具有不同符号率的调制信号时的作用更明显。在未训练的输入样本长度 64 的情况下达到 75%的准确度证实了该模型的分类识别能力。文献［78］提出通信系统端到端学习是一个新的通信概念，到目前为止只能通过基于块传输的模拟来验证。它允许将发射器和接收器通过深度神经网络的学习来实现

AMC 过程。在文中证明通过这种形式完成 AMC 任务是可行的，使用非同步的软件定义无线电和开源 DL 软件库来构建整个系统，训练和运行仅由 DL 网络组成的完整 AMC 系统。文献［79］设计了一种新型系统，该系统使用分层 DNN 来识别数据类型、调制类别和调制阶数。该系统采用灵活的前端探测器，能够对宽带数据进行能量检测，信道估计和多频带重建，以提供原始窄带信号的参考信号。使用 CNN 自动从这些参考信号中提取特征，并使用这些神经网络层产生决策类估计。对小型合成射频数据集的初步实验表明了应用于 AMC 领域的 DL 方式的可行性。文献［80］指出在过去的研究中，机器学习用于 AMC 的实验条件大多是理想化或简化的。本书提出了一种改进的 CNN 结构，证明其具有较强的信号调制分类能力。为了验证 CNN 方法的优势，实验在复杂信道的条件下进行，通过利用小波去噪技术抑制输入信号的高频噪声后，通过大量信号序列训练 CNN。与常用的 AMC 方法进行比较，结果表明该方法在大多数恶劣条件下比常规方法表现更好。文献［81］提出了一种异构深度模型融合（Heterogeneous Deep Model Fusion，HDMF）方法来解决统一框架中的 AMC 问题。首先，使用 CNN 和 LSTM 这两种不同的方式组合在不涉及先验知识的情况下进行识别。其次，基于真实的地理环境，在各种信噪比条件下收集包括 11 种具有各种噪声的单载波调制信号以及衰落信道的大型数据库。实验结果表明，HDMF 能够很好地应对 AMC 问题，与使用独立一种神经网络相比，性能更好。文献［82］探索了在 AMC 领域的 DL 方法架构。由于其不同的特性，更深的网络架构不适合于信号识别。此外，还讨论了 DL 方法中训练算法的难点，并采用转移学习方法以获得增益，从而稳定提升了训练过程和识别表现。最后，采用去噪自动编码器对接收到的数据进行预处理，并提供抵抗输入信号有限扰动的能力。有助于提高识别精度，也为设计去噪调制识别模型提供了新思路。文献［83］研究了将 DL 用于无线信号调制识别任务中存在的问题。设计了一种深度神经网络架构，提供比现有 DL 技术更高的分类精度。通过调整 CNN 架构，找到一个具有四个卷积层和两个全连接层的网络结构形式，在高信噪比下可以提供大约 83.8%的精度。然后介绍了一个卷积长短期深度神经网络（Convolutional Long short-term Deep Neural Network，CLDNN），可以在高信噪比下进一步提高识别精度到大约 88.5%。

1.3 主要内容

针对水声通信面临的问题，快速、可靠、高效地识别多种信号调制方式面临巨大挑战。DL 方法已经证明了在分类识别任务上的优势，在同样具有大数据量的通信领域，使用 DL 方法的研究才刚刚开始，这是一项极具潜力且异常困难的研究工作。在军民两个领域，开展 DL 方法来实现水声通信信号调制识别的研究是非常迫切和必要的工作。同时，随着 DL 方法的飞速发展，涌现出更多优秀的分类识别框架和结构形式，也为信号调制方式的识别提供了更多改善思路和进步空间。

上述研究已经取得了一定成绩，然而存在的问题也很明显。比如一些用于调制识别任务的 DL 方法，还是使用 FB 方法的思路，都需要提取信号的特征，然后通过 DL 方法进行分类。这种处理思路很容易在信号特征提取的过程中，丢失重要的信号分类信息，使得这种方式对比传统的 FB 方法并没有发挥出 DL 方法能够获取原始信号数据集高级表征的优势。实际上 DL 方法完全可以不用事先提取信号特征，直接通过学习信号数据集的特征就可以取得理想的识别效果。还有就是将信号的星座图转换成图像的识别方式，虽然可以直接使用现成的 DL 方法，然而这种间接的方式显然不能很好地融入通信系统中。真正能和水声通信系统相匹配的，并能充分学习水声通信信号特性的方法，必然是使用 DL 直接对水声通信数据集进行处理的方式。其他方面体现在目前研究只是简单使用了 DL 方法的卷积网络或者时序网络形式，没有在网络结构设计优化和规模上进行更深入的考虑。

基于目前存在的问题，本书主要从以下几个方面进行研究探讨。

(1) 基于异构和短连接网络结构的算法研究。时间衰落模型作为体现水声信道的主要特征之一，反映了水声信道的基本时间变量属性。通过对深浅海信道下不同时间衰落模型的调制识别的研究，可以证明 DL 方法对水声信道的适应性。网络的深度对于网络模型的识别性能至关重要，随着网络层数的增加，更深的网络可以提取到更高级的数据集表征。因此更深的网络模型，理论上可以获得更好的识别效果。但是随着网络深度的不断增加，DL 网络性能却表现为不升反降。发生这种情况的主要原因在于学习数据集特征时，网络模型丢失了数据集关键特征所致[84]。这种情况导致了更深层次的 DL 网络模型，在没有性能改进的情况下变得更加难以训练，使网络模型对信号数据集的学习失效，还会发生梯度消失现象，这都导致网络模型无法收敛产生有效识别结果。需要通过使用针对大型信号数据集的网络结构进行合理设计，提高网络模型的识别能力，从而实现复杂水声环境下从接收到的信号数据集里识别出多种调制方式。

(2) 基于分支和稀疏多路网络结构的高效分类算法研究。常规的深度学习网络需要输入固定长度的数据，但在水声通信过程中传输的数据长度是变化的。这就导致常规的深度学习网络方法无法直接适用于水声通信领域。为了应对在深浅海信道下信号长度变化对深度学习方法应用于调制识别任务带来的问题，需要对应调整网络结构的形式。但是，在学习信号长度变化的数据集时，大型的网络结构形式更容易发生难以对提取到的特征进行有效归纳的问题。有效的解决思路是将密集层叠的网络结构形式分支化、稀疏化。因为传统的深度神经网络，本质上使用的就是随机密集连接的结构形式。然而，网络结构的分支化和稀疏化导致模型设计效率低下，需要在深度网络内部采用更合理的参数传递方式，以更好地优化网络结构的运行形式。对于分支化和稀疏化的深度神经网络，可以通过分析激活值的统计特征和聚类相关的输出来逐层构建最优网络结构。这表明通过合理的网络结构设计可以在不损失性能的前提下，提高网络模型的分类识别效率。

（3）基于时序结构和多跳网络形式的深度学习方法研究。单纯通过建立更深层次的深度学习网络结构形式，提高水下通信的调制识别效果并不是唯一解决问题的思路。尤其是当遇到多普勒效应影响时，只是通过加深网络结构已经难以解决因为多普勒效应导致的调制识别困难问题。在深浅海信道下，通过时序网络结构形式和多跳网络连接方式可以更有效地学习接收信号数据集的调制分布特征。考虑到过深的网络结构形式难以训练的问题，通过使用浅层的时序网络结构形式，以及多层之间的跳层级联网络结构方式来有效解决权值共享的问题。同时，浅层的时序网络结构还可以使用前面时序的信息，更适合于处理浅海信道下信号序列互干扰的问题。在深海信道下，采用多层之间跳层级联方式的网络具备了更好的学习特征内部共享，并通过可扩展感受野提升了网络学习到的信号特征范围，改善了获取数据集分类表征的性能，提升了网络模型分类识别能力，可以实现多种调制方式的识别。

1.4 本书结构安排

本书共分为 5 章，总体框架如图 1-1 所示，对应各章节组织如下。

第 1 章绪论，介绍了本书的研究背景和研究意义。详细分析了 AMC 的两种主要研究方法：LB 和 FB。通过具体说明各种 AMC 算法发展思路及目前研究情况，切入 AMC 存在的问题症结所在。引入了 DL 方法的调制识别算法，并介绍了本书的组织框架和研究重点。

第 2 章对 DL 方法下 AMC 有关的理论基础知识进行了介绍。先是介绍了水声信道的特性，接着介绍了水声信道的模型和通信信号调制方式的详细形式，然后详细说明了 DL 方法中常用的超参数和技术手段，以及采用的信号数据集生成方式。

第 3 章通过设计深层异构和短连接的 DL 网络结构来研究水声通信中不同时间衰落模型带来的影响。在浅海环境采用异构网络结构、更好的池化方式和非线性激活函数变体形式[86]，可以通过加深网络获得更多高级分类信号表征，实现了更好的调制识别效果；在深海环境下采用短连接网络方式来克服随着网络规模扩大、层级加深导致的梯度消失、训练难以优化的问题[87]。实现了网络模型内部更好的参数传递，降低特征提取误差，从而取得良好的识别效果。

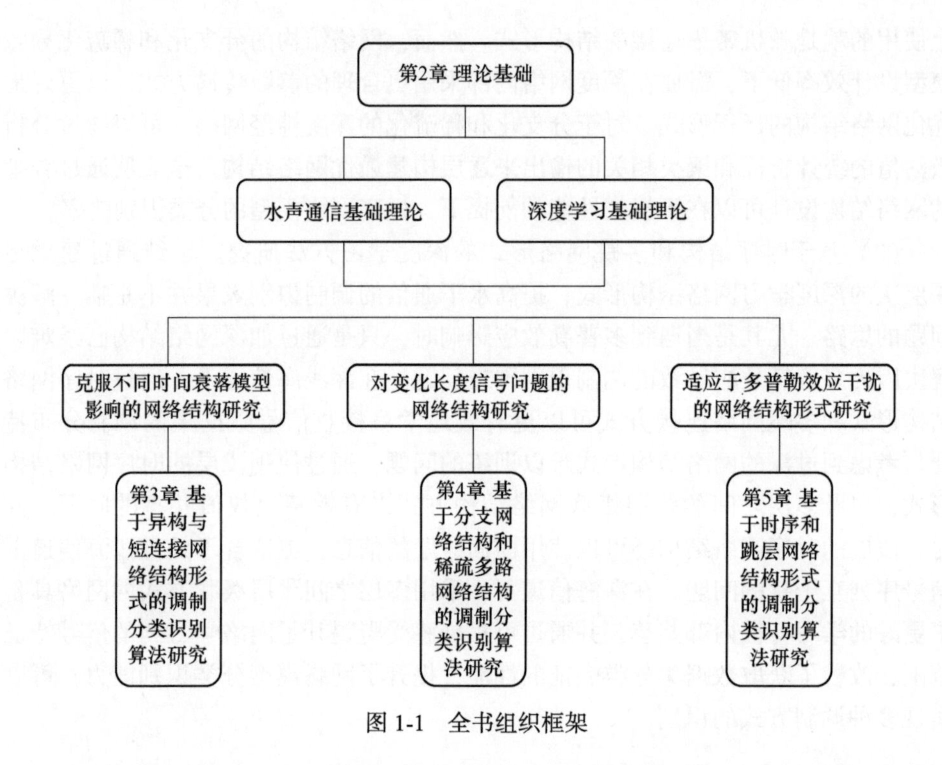

图 1-1 全书组织框架

第 4 章对分支和稀疏网络结构 DL 方法研究，设计了适合于在深浅海信道下针对信号长度变化问题的分支拓宽网络结构形式和稀疏多路网络模型结构形式。分支结构形式上从单纯的加深网络结构方式转化到宽度上不断拓展，丰富了信号特征提取的能力；稀疏网络结构形成了更为复杂的多路拓扑网络结构形式。不但克服了因为信号长度变化带来的调制区分特征提取问题，而且归纳和表征信号分类能力也获得提升。证明这两种网络结构能适应信号长度变化对深浅海水声通信调制识别造成的影响。

第 5 章分别研究了基于时序的网络结构形式和多跳网络连接的结构形式。并把基于时序的网络结构应用于浅海的多普勒效应干扰中，同时，采用随机去激活技术，克服了这种时序网络结构形式过度拟合数据集的问题。采用多跳级联网络结构形式并在内部采用可扩展感受野的方式，可以在网络内部实现权值共享，防止因为模型规模扩大和多层互连导致的模型退化问题。这种网络结构形式应用于深海信道中克服了多普勒效应干扰的问题，取得了良好的多种调制形式分类识别效果，说明了所设计网络结构的合理有效性。

2 理论基础

在非合作通信条件下，其中最重要的环节之一是识别采用什么样的通信调制方式。因为水声信道的复杂性，水声信号经过水下传播后受到水声信道的各种干扰影响会产生各种扭曲变形，导致在接收端识别接收信号调制方式困难。采用训练好的深度学习方法对水声接收信号调制方式可以更快、更有效地进行识别。因此，在军民通信领域，研究适合于水声信道下，基于深度学习算法的高识别率、高可靠性的调制识别方法具有重要的现实意义。

本章先从水声信道的自身特性阐述其主要影响因素，以及对信号传输造成干扰的原因。接着说明了水声信道常用的通信调制方式。同时重点介绍了用于水声信号调制识别的深度学习方法常用基本概念和技术，为后续各章提供理论基础。

2.1 水声信道特征

信道自身特性情况会直接影响到通信的质量。水声信道指的是在水下信号发送端和信号接收端传播声能的液态传输通道，水声信道特征取决于水下环境的特性。声波作为能在水下进行远距离传输的唯一媒介，因为水上、水下的双界面影响，声的传播速度表现为分布不均匀并且传播速度随着水深的变化而变化。同时因为水文环境的影响，包括行驶的舰船、水中的生物以及水体浑浊颗粒物的影响，水声的传播过程会表现得异常复杂。因此要实现对深浅海水声通信的调制体制方式的正确识别，就要首先深入了解水声信道的特性。

2.1.1 浅海水声信道特征

在浅海环境里，声速同样也会受到水温、盐度和水压的影响，随着深度和位置的变化而变化，水温相比其他两种因素对声速的影响更大。在水表面附近，温度和压力通常都是恒定的，声速也是如此。在一定温度的气候条件下，温度随着深度增加而降低。浅海环境下压力增加，不足以抵消因为温度降低而导致的对声速的影响。所以在浅海环境里，声速的变化主要和温度有关。

在浅海水下的声传播过程中，声速自身的值并不是最重要的，关键的影响因素在于伴随深度变化的声速变化，以及声剖面自身样貌。一般浅海区域的声剖面图表现为负梯度如图 2-1（a）所示，这是在水上没有大风扰动，水表面环境较为稳定且日照充足的情况下的常有表现，代表了最常见的浅海声速分布规律。对应着使用 Bellhop 软件仿真出了对应浅海声剖面的声线传播图，如图 2-1（b）所示。仿真中海深取 300m，声源位于 100m 处。因为浅海环境的声速特性，导致浅海声线在向低传播速度弯曲时声线非常密集。

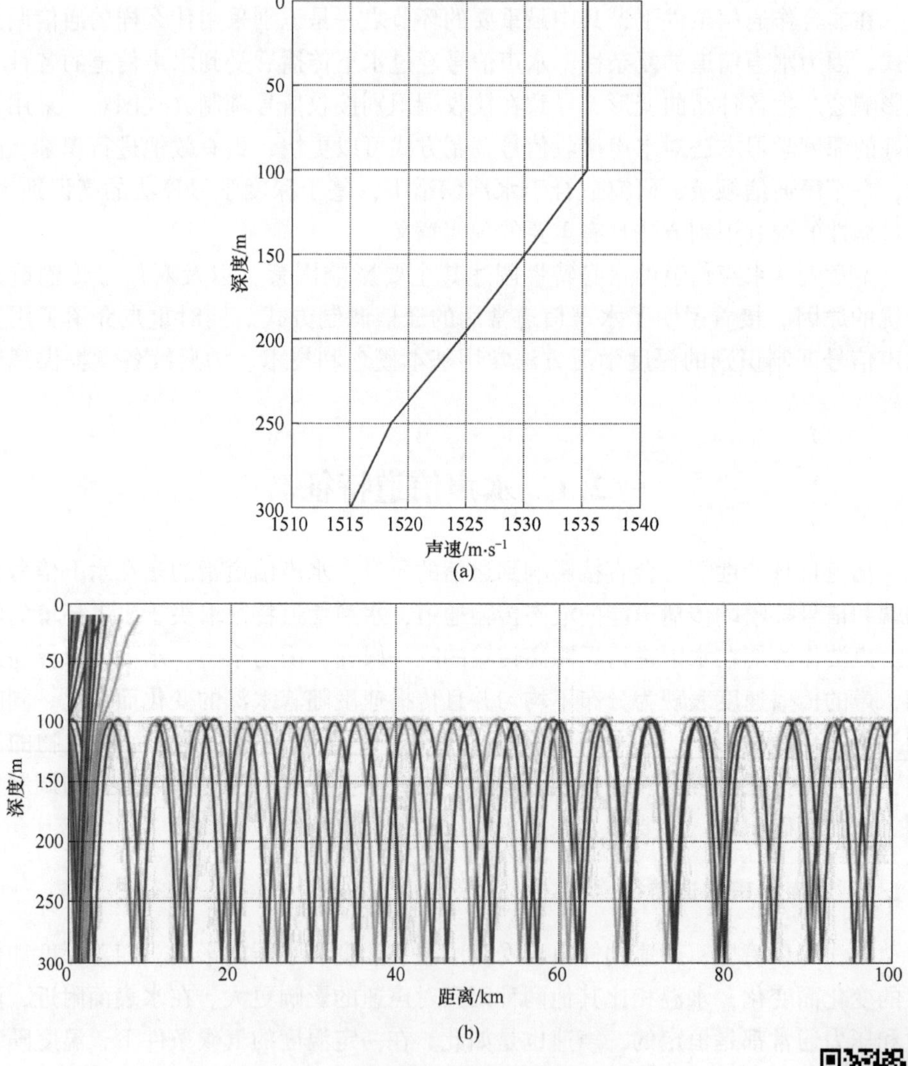

图 2-1 浅海信道声剖面和传播声线图

（a）浅海信道声剖面图；（b）浅海信道传播声线图

扫一扫查看彩图

2.1.2 深海水声信道特征

对于浅海信道来说，深海信道的声剖面图明显不同，在分布规律上存在一个极小值。因此声速在主温跃层的区域中会不断减小。在一定深度之后，温度达到恒定水平的深度后，声速随着深度的压力增加而增加，如图2-2（a）所示。在深海环境中，声传播会向着最小值声速分布的水深处弯曲，从而使声传输方式是以振荡曲线变化的方式表现，如图2-2（b）所示。对应声速剖面图的传播声线采用Bellhop软件仿真生成，其中海深设置为5000m，声源位于1000m处。

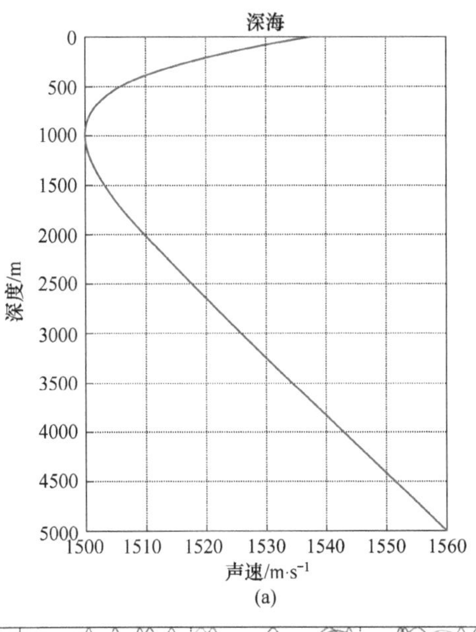

(a)

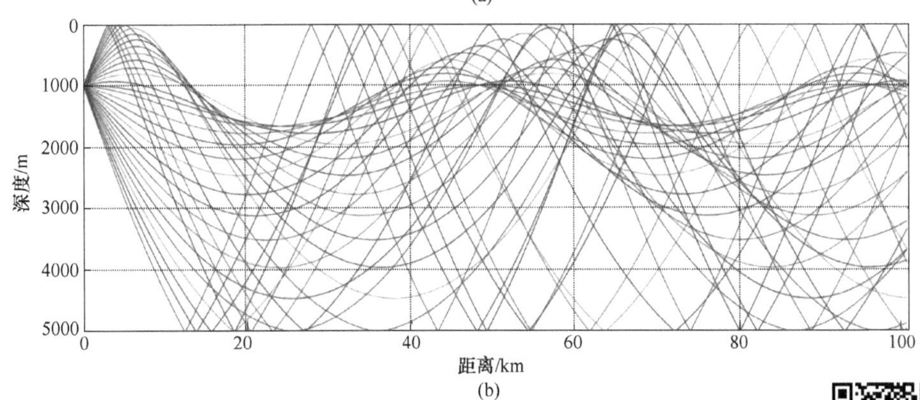

(b)

图2-2 深海信道声剖面和传播声线图

（a）深海信道声速剖面图；（b）深海信道传播声线图

扫一扫查看彩图

通过声线传播图可以看出，位于声道轴位置的声源，在较小掠射角下声线传播可以在一个声道轴内传输，因为没有经过海底反射以及海面反射的影响，所以能量损失较小，而且传播距离较远。当声源发射声信号后，每条声线将遵循略微不同的路径行进，放置在某个距离的接收器将会接收到多个到达的声信号。

2.1.3 深浅海水声信道影响通信的因素分析

从深海和浅海信道对应的冲击响应上看，它们都具有独立的分簇，簇与簇之间的时间间隔随时间推移增加而动态变化。假设海底均为平坦的，深海和浅海信道的不同在于信号在海水介质传播时在海底和海面反射间隔的扩展损失。

浅海信道冲激响应在时间上较为集中，由于水深较小，信号能量集中于水层，这些信号将被认为是多途干扰，对主径信号的调制识别带来较大的影响[88]。

深海通信环境相比于浅海目前的研究还比较少，下面重点介绍深海信道的特征。

深海最大的特点是其独有的海洋分层现象会产生不同的声传播模式，多途干涉是深海环境下声传播的重要特征之一，在时域上体现为多途时延效应。当水听器布放在临界深度以下时，换能器与水听器之间存在的直达波传播路径被称为可靠声路径。可靠声路径是一种重要的深海声传播信道，被广泛研究[89]。这种情况下，对具有可靠路径的深海信道可以认为符合莱斯时间衰落模型的分布规律。

当不存在可靠路径时，深海信道下由于信号各簇之间的时延较大，传播损失导致多径信号的信道增益随时延逐渐降低，在能量上对主径信号影响不如浅海信道大。但是由于深海信道多途时间扩展较大，所以在连续数据传输时，有更多的互多途干扰。在通信过程中显示为多种调制信号的互相串扰，造成信号调制类型的识别困难。

2.2 水声通信特性

通过深浅海信道的声传播分析可知，这种传播方式的典型特征就是水声通信的基本物理属性，这对水声通信带来了很多负面影响。通过对这些影响因素的深入分析，才能更好地在恶劣水声通信环境条件下对多种信号调制类别的识别取得理想效果。

2.2.1 时间衰落模型

水声信道的时间衰落模型主要受水下传播环境介质的固有特性的影响。这里的固有特性主要是指能够立即影响到水声通信信号变化的因素，比如由海上表面介质和海底地形变化引起的声波反射、折射、衍射，路径长短变化引起的时间扩展和水下压力、盐度变化等问题。还有就是指从长期看不能导致水声传播变化的因素，比如一定时间内比较稳定的环境温度、海上风速和日照等外界条件。

水下无线通信与陆地无线通信信道不同。在陆地无线通信信道中，反应信号概率分布的瑞利（Rayleigh）衰落模型和对应衰落过程的功率谱密度杰克斯（Jakes）模型，是被广泛认可的分析陆地无线通信信道的标准模型形式。水声信道目前还没有统一达成共识的模型形式。但是通过实验验证表明，在深浅海环境下某些水声信道也有确定分布特性，主要表现为莱斯（Rician）衰落或瑞利衰落的形式[90,91]。在没有更好模拟统计模型的情况下，采用上述两种衰落模型的信道形式可以成为分析水声通信的有效标准方式。

莱斯衰落分布形式：

$$p_z(z) = \frac{z}{\varepsilon^2}\exp\left(-\frac{z^2+\mu^2}{2\varepsilon^2}\right)I_0\left(\frac{\mu z}{\varepsilon^2}\right) \tag{2-1}$$

式中，z 为信号幅度；μ 为信号幅度的峰值；ε^2 为多径信号分量的功率；$I_0(\cdot)$ 为第一类零阶修正贝塞尔函数。当 $\mu=0$ 时，就是瑞利衰落分布：

$$p_z(z) = \frac{z}{\varepsilon^2}\exp\left(-\frac{z^2}{2\varepsilon^2}\right) \tag{2-2}$$

2.2.2 变化信号长度

在常见深度学习网络中输入数据长度都是定长的，这种方式不适应水声通信过程中变化长度的信号数据情况。为了更多地提取信号中隐含特征以提高调制方式的分类效果，需要针对变化长度的信号设计适合于深浅海的网络形式。对水声通信可变长度信号的公式描述如下：

$$\mathbb{R}_{\phi'}(h) = \mathbb{c}_h\left(\Phi - \sum_{m=1}^{M-1}\phi(m)\right) \tag{2-3}$$

式中，$\phi(\cdot)$ 为已选取的信号序列；Φ 为用于分类的全部信号序列；M 为已选信号序列的总数；m 对应每个信号序列；$\mathbb{c}(\cdot)$ 为当前信号选取长度的选择函数；h 为当前获得信号的长度；$\mathbb{R}_{\phi'}(\cdot)$ 为所用 DL 方法中的调制信号的输入序列；ϕ' 对应当前选取的信号长度。最终 DL 方法使用各种变化长度的信号输入产生最终分类结果。

2.2.3 多普勒效应

水下信号发射端设备和接收端设备的相对运动，相当于改变了水声信道的信道响应，表现为多普勒效应现象，这会导致频率偏移以及额外的频率扩展。多普勒效应的大小可以用多普勒比例因子 σ 表示为：

$$\sigma = \frac{v}{d} \tag{2-4}$$

式中，发射接收设备的速度用 v 表示；相对声速用 d 表示。

与电磁波的速度相比，声音的传播速度非常低，差不多低 5 个数量级，因此声学信号运动引起的多普勒失真造成的影响更加严重。一般 AUV 在水下以每秒几米的速度移动，但是即使水下设备没有自主运动（比如潜标），也会受到水下波浪、水流和潮汐漂移的影响。这些因素会导致水下通信的设备都以一定的速度运动，从而产生比较严重的多普勒效应。

多普勒效应影响信号检测的方式主要取决于多普勒因子 σ 的实际值。静止声学系统可能会以 0.5m/s（1 节）的速度发生运动，这将导致 k 大约处于 3×10^{-4} 的量级上。对于以每秒几米的速度移动的 AUV，σ 将在 5×10^{-3} 的数量级上，这是一个无法忽视的水声通信影响因素[2]。因此，在水声信道中不可忽略的相对运动引起的多普勒频移和扩展，成为区分水声信道和陆地无线信道的主要因素之一。

2.2.4 其他影响因素

影响水声通信其他重要因素还包括多途效应、环境噪声和低频水声的通信带宽等，具体分析如下。

2.2.4.1 多途效应

水声通信形成多途效应的因素主要是在声传播过程中，因为海水界面和海水底部之间，以及水中物体和生物的反射造成的。再就是在水中声传播的折射产生的，这主要是来源于声速在剖面空间上的变化。

因为声道的脉冲响应受到水声信道的几何形状及其反射和折射特性的影响，这决定了传播路径的数量，以及它们的相对强度和延迟。严格地说，在水声传播过程中存在无限多的信号回波，但是那些经历了多次反射并且损失了大量能量的信号可以被丢弃，只保留有限数量的重要路径的声学信号信息用于通信过程的分析。

通过水声信道数学模型可以更好理解多途效应。用 l_q 表示第 q 个传播路径的长度，其中 $q=0$ 对应于第一次到达。声速可以用常数 ϵ 表示，使用平面几何来计算路径长度，并且可以获得路径延迟为 $\tau_q = \frac{l_q}{\epsilon}$。

在理想条件下，表面反射系数等于-1，而底部反射系数取决于底部类型（比如坚硬的岩石或者软性的沙地）以及掠角的不同[92]。如果用 Ω_q 表示沿 q 个传播路径的累积反射系数，用 $\psi(l_q, f)$ 表示与该路径相关的传播损耗（f 为频率），那么第 q 个路径的频率响应表示为：

$$U_q(f) = \frac{\Omega_q}{\psi(l_q, f)} \tag{2-5}$$

因此，声学通道的每个路径都相当于低通滤波器，所以整体脉冲响应可以写成：

$$u(t) = \sum_q \delta_q(t - \tau_q) \tag{2-6}$$

式中，$u(t)$ 为 $U_q(f)$ 的逆傅里叶变换。

2.2.4.2 环境噪声

水声通信中环境噪声影响也很严重，这里的噪声主要分为深海区噪声和浅海区噪声两种。深海区噪声主要来自船舶噪声、生物活动、自然环境变化（比如海底地震、海下火山爆发等）、风成气泡破裂、湍流压力起伏等因素造成的影响。浅海区产生噪声的因素和深海区噪声有些类似，包括航运的工业噪声、风成噪声以及因为生物活动带来的噪声等。

2.2.4.3 通信带宽

作为影响通信系统效率的直接因素通信带宽，是衡量通信系统的关键因素。在水声通信中，用于水声通信的可用带宽非常有限。声波在传输过程中会有很大的能量损失，传播损失可以表示为：

$$O(l, f) = l^{\varrho} \cdot \beta^{l}(f) \tag{2-7}$$

式中，$O(l, f)$ 为传播损失（l 和 f 表达的含义和上述一致）；ϱ 为散射因子，实际中一般取 1.5；$\beta(f)$ 为对应频率的损失系数。所以在接收端信号的带宽的 SNR 可以表示为：

$$K(l, f) = \frac{D}{\Delta f} \cdot \frac{1}{O(l, f) \cdot N(f)} \tag{2-8}$$

式中，D 为信号的发射功率；Δf 为接收端的信号带宽；$N(f)$ 为海洋噪声的功率谱密度。对于 D 和 Δf 来说都是一定的，这时 $\frac{1}{O(l, f) \cdot N(f)}$ 体现了在带宽下接收端信号的SNR大小。可以通过式（2-8）看出当水声通信距离较远时，可用的频率范围就越小，也就是能够使用的带宽越小。所以在较低可用带宽内，充分利用有限的带宽，也是水声通信需要解决的难题。

通过水声信道自身特性的分析，不难看出水声通信遵循着声波在水中的传播物理特征，同时水声信道对信号的相位、幅度及频移影响很严重。

2.3 水声通信模型和通信调制体制

2.3.1 水声信道模型

水声信道被认为是对信号经过了时空频变换的稀疏滤波器。在水下无线通信过程中，主要受水下特殊环境的影响，包括时间变量、多途效应和多普勒频移等主要因素。表达的基本形式可以参考陆地无线通信模型的形式[93,94]，但它与陆地无线通信形式有所不同[95]。这里假设接收端接收的信号可以分成 I 个多途分量，到达接端的 I 个分离多途分量的时间间隔是 τ，接收端的信号可以表示为：

$$r(t) = \sum_{i=0}^{I} \delta_i(\tau;\ t)s(t) + n(t) \tag{2-9}$$

式中，$s(t)$ 为发送信号；$\delta_i(\tau;\ t)$ 为在时间 $(t-\tau)$ 的第 i 个路径上等效信道脉冲响应；$r(t)$ 为接收信号；$n(t)$ 为加性噪声，该噪声假设是高斯白噪声的形式。式（2-9）中的时变脉冲响应的形式写为：

$$\delta_i(\tau;\ t) = \lambda_i(t)\exp(j\theta_i\tau_i) \tag{2-10}$$

式中，$\lambda_i(t)$ 为第 i 条多途传播路径上的时变衰减因子；θ_i 为第 i 条路径上的低频相位；τ_i 代表根据随机多普勒缩放因子随时间变化在第 i 条路径上的延迟。因此，接收信号可表示为：

$$r(t) = \sum_{i=0}^{I} A\lambda_i(t)\exp(j(\theta_i + \theta_0)(t - \tau_i)) + n(t) \tag{2-11}$$

即接收信号 $r(t)$ 由 I 条路径分量组成，式中，A 为发射信号 $s(t)$ 的幅度；θ_0 为发射信号的初始相位。

2.3.2 水声通信常用调制体制

常用的水声通信调制方式主要包括了模拟调制和数字调制两种。

K 元 FSK、K 元 PSK 和 K 元 QAM 数字调制方式可以统一表示为：

$$\alpha(t) = Re[A_k b(t)\exp(j\omega_c t)] \tag{2-12}$$

式中，$\alpha(t)$ 为调制信号；$b(t)$ 为原始信号。A_k 是由调制方式决定的。

当为 K 元 FSK 调制方式时，为 $A_k = \sqrt{\frac{2\zeta}{T}}\exp(jk\Delta\omega t)$，$\zeta$ 是每个信号的能量，T 是周期，$0 \leqslant t \leqslant T$，$\omega_c$ 是载波角频率，$1 \leqslant k \leqslant K$。当为 K 元 PSK 调制方式时，$A_k = \exp\left(j\frac{2\pi}{K}(k-1)\right)$。当为 K 元 QAM 调制方式时，$A_k = A_{ki} + jA_{kq}$，这时式（2-12）可以进一步写成：

$$\begin{aligned}\alpha(t) &= Re[(A_{ki} + jA_{kq})b(t)\exp(j\omega_c t)] \\ &= A_{ki}b(t)\cos(\omega_c t) - A_{kq}b(t)\sin(\omega_c t) \\ &= A_{kc}\cos(\omega_c t) + A_{ks}\sin(\omega_c t)\end{aligned} \tag{2-13}$$

式中，A_{kc} 和 A_{ks} 为携带信息的正交载波的信号幅度，由式（2-13）K 元 QAM 信号波形可以进一步表示成：

$$\alpha(t) = Re[A_{\mathrm{QAM}}b(t)\exp(j\omega_c t + \varphi_{\mathrm{QAM}})] \tag{2-14}$$

式中，$A_{\mathrm{QAM}} = \sqrt{A_{kc}^2 + A_{ks}^2}$；$\varphi_{\mathrm{QAM}} = \arctan\frac{A_{ks}}{A_{kc}}$，QAM 信号波形就是组合了幅度 A_{QAM} 和相位 φ_k 的调制方式。

常见模拟调制方式有调频调制方式（Frequency Modulation，FM）、单边带调制（Single-Sideband Modulation，SSB）和脉冲幅度调制（Pulse Amplitude Modulation，PAM）。

FM 使用的正弦载波为 $\alpha_{\mathrm{FM}}(t) = A_c\cos(2\pi f_c t)$，式中，$A_c$ 为载波的幅度；f_c 为载波的基准频率，通过将数据信号和载波结合起来形成待传输的信号：

$$\begin{aligned}\alpha_{\mathrm{FM}}(t) &= A_c\cos\left(2\pi\int_0^t f(\varsigma)\mathrm{d}\varsigma\right) \\ &= A_c\cos\left(2\pi\int_0^t |f_c + f_\Delta(\varsigma)|\mathrm{d}\varsigma\right) \\ &= A_c\cos\left(2\pi\int_0^t |f_c + f_\Delta(\varsigma)|\mathrm{d}\varsigma\right)\end{aligned} \tag{2-15}$$

式中，$f(\varsigma)$ 为振荡器的瞬时频率；f_Δ 为频偏，表示对 f_c 的最大频率偏移。

SSB 可以表示为：

$$\alpha_{\mathrm{SSB}}(t) = \alpha(t) \cdot \cos(2\pi f_c t) - \hat{\alpha}(t)\sin(2\pi f_c t) \tag{2-16}$$

式中，$\hat{\alpha}(t)$ 为 $\alpha(t)$ 的希尔伯特变换。

PAM 表示为：

$$\alpha_{\mathrm{PAM}}(t) = \sum_{-\infty}^{\infty} A_{\mathrm{PAM}}(iT_{\mathrm{PAM}})\vartheta(t - iT_{\mathrm{PAM}}) \tag{2-17}$$

式中，$\vartheta(\cdot)$ 为脉冲的冲激响应；T_{PAM} 对应脉冲抽样周期；原始信号 $\alpha(t)$ 通过一系列 $\alpha(iT)$ 加权的冲激序列组成；$A_{\mathrm{PAM}}(iT)$ 对应第 i 个抽样值的幅度。

2.4　深度神经网络

2.4.1　网络结构形式

对神经网络的研究表明，具有至少一个隐藏层的神经网络是通用近似表示形式[96]。只要网络的层数不断增加，就可以近似表示任何连续函数。一个简单的神经网络，如图 2-3 所示，主要由输入层、三个隐藏层和输出层组成。中间的隐藏层至少包含一层，这里示意图包含三层隐藏层。每层中的神经元数量可以根据需要拟合的数据集设置为任意数量。通常，神经网络中的层数不包括输入层，从第 1 隐藏层到输出层的层数代表了神经网络实际拥有的层数。理论上如果有足够的隐藏层和足够大的数据集，则神经网络可以拟合出一个复杂表达形式的函数来表示数据集的分布特征。

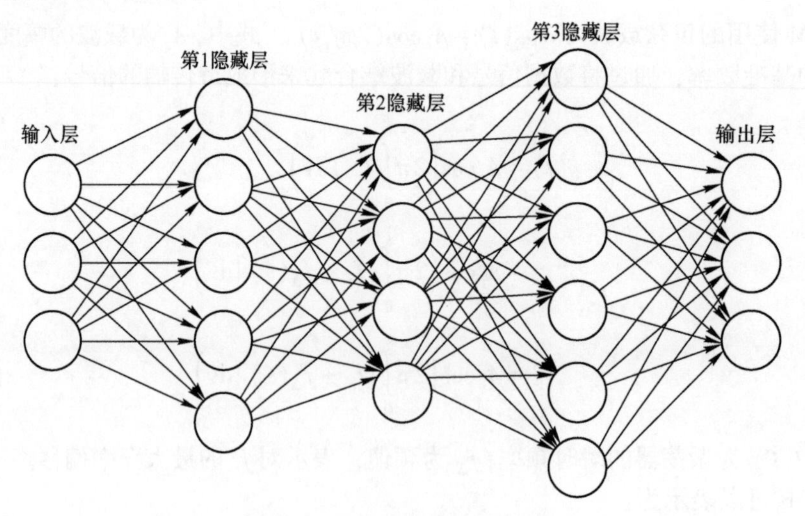

图 2-3　简单的神经网络示意图

2.4.2 传统神经网络方法

常见的神经网络方法详见表 2-1。在最近几年，对 CNN 和 LSTM 等网络形式的开发使用，以及深度网络设计结构上的进步，带动了人工智能领域的长足进步。

表 2-1 常见神经网络形式

神经网络名称	英文简称	英文全称	包含隐藏层数
人工神经网络	ANN	Artificial Neural Network	一个隐藏层[97]
多层感知器	MLP	Multi-Layer Perceptron	多层隐藏层[98]
深度神经网络	DNN	Deep Neural Networks	中间隐藏层数目超过 MLP，规模可以很大[99]
卷积神经网络	CNN	Convolutional Neural Networks	多层卷积隐藏层[82]
长短期记忆网络	LSTM	Long Short-Term Memory	包含多层 LSTM 结构形式[100]

2.4.3 常用深度学习技术

2.4.3.1 激活函数

激活函数主要是用来确定神经元是否被激活，神经元接收的信息是否有用，是否应该被遗弃[101]。激活函数的非线性变换可以拟合各种分类曲线，使神经网络可以处理非常复杂的识别任务。

激活函数 $\xi(\cdot)$ 的定义如下：

$$\boldsymbol{Z}_n^{(j)} = \xi(w_n^{(j)} \otimes \boldsymbol{X}_n^{(j)} + \rho_n^{(j)}) \tag{2-18}$$

式中，$\boldsymbol{X}_n^{(j)}$ 和 $\boldsymbol{Z}_n^{(j)}$ 为第 j 层中第 n 个的输入和输出特征映射向量；$w_n^{(j)}$ 和 $\rho_n^{(j)}$ 分别为第 j 层中第 n 个神经元的权重和偏差（$n = 1, 2, \cdots, \infty$）；运算符 $\otimes$ 为卷积；$\xi(\cdot)$ 有多种形式，需要根据设计使用的网络结构形式来选择具体形式。常用形式见表 2-2（其中 x 代表输入）。

表 2-2 常用激活函数总结

函数名称	具体形式	备注	公式编号
ReLU 函数	$\mathrm{ReLU}(x) = \max(0, x) = \begin{cases} x & x > 0 \\ 0 & x \leqslant 0 \end{cases}$	$\max(\cdot)$ 是取最大值函数	(2-19)

续表 2-2

函数名称	具体形式	备注	公式编号
Sigmoid 函数	$\mathrm{Sigmoid}(x)=\dfrac{1}{1+\mathrm{e}^{-x}}$		(2-20)
Tanh 函数	$\mathrm{Tanh}(x)=\dfrac{\mathrm{e}^{x}-\mathrm{e}^{-x}}{\mathrm{e}^{x}+\mathrm{e}^{-x}}$		(2-21)
Softmax 函数	$\mathrm{Softmax}(x)=\dfrac{\mathrm{e}^{x_n}}{\sum_{\ell=1}^{\mathcal{L}}\mathrm{e}^{x_\ell}}$	x_n 是第 n 个神经元的输入，$\sum_{\ell=1}^{\mathcal{L}}\mathrm{e}^{x_\ell}$ 是该层中所有神经元的输入之和，$\mathcal{L}$ 是神经元的总数	(2-22)

其中，Softmax 函数的本质是将多维任意实数向量映射到另一个多维实数向量，其中向量中的每个元素在（0，1）之间，常用于最后的分类结果的输出。后面章节根据具体对应问题选择使用合适的激活函数。

2.4.3.2 随机去激活技术

在神经网络拟合数据集时，很容易发生网络模型过度拟合数据集特征的问题。这种情况会导致网络模型在验证时性能表现极差，甚至会发生训练好的网络模型无法使用的问题。为避免过度拟合问题，通常都使用随机去激活（Dropout）技术[102]来降低网络模型过度拟合数据集的问题，提高网络模型的泛化能力。Dropout 是指在深度学习网络的训练期间以一定概率暂时从网络中丢弃的神经网络单元，如图 2-4 所示。

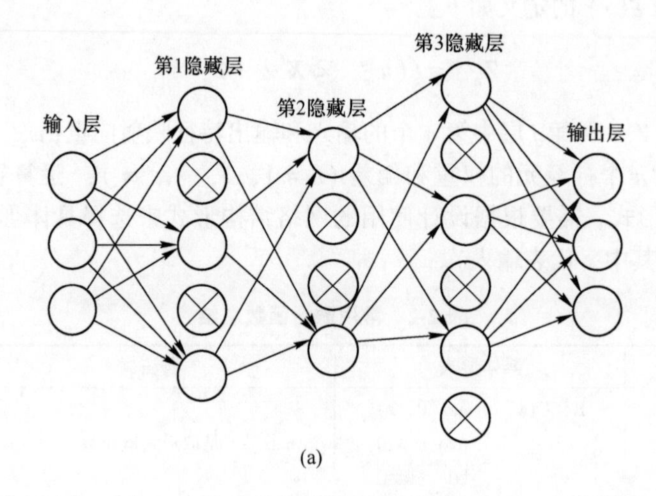

(a)

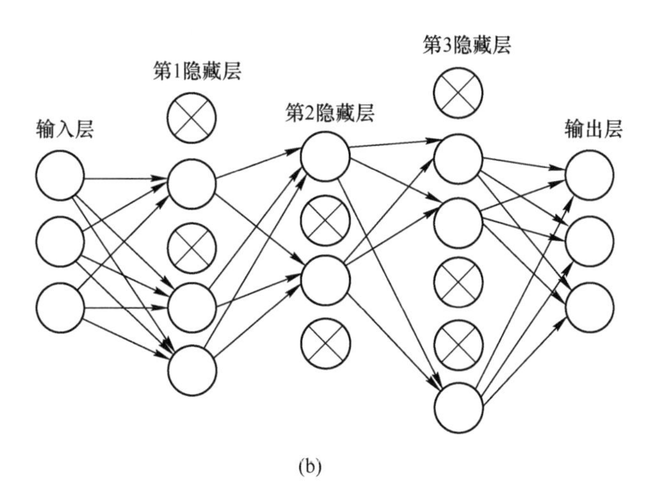

图 2-4 Dropout 示意图
（a）Dropout 状态 1；（b）Dropout 状态 2

这里神经元的丢弃是随机的，也就是对应图 2-4 中（a）和（b）两图不同 Dropout 状态所示。在训练过程中，Dropout 使用的神经元可以一样也可以不一样。后续章节会根据具体情况在网络结构设计中采用该技术。

2.4.3.3 代价函数

梯度允许在式（2-18）中找到正确的权重 $w_n^{(j)}$ 和偏差 $\rho_n^{(j)}$，因此 $\boldsymbol{X}_n$ 输出的所有训练输入都接近于 $\mathbf{Z}_n$。为了衡量当前获得的目标结果是否有效，定义代价函数为：

$$\mathbb{D}(\boldsymbol{w},\ \boldsymbol{\rho}) = \frac{1}{\mathcal{N}} \sum_{x} \| r(x) - \boldsymbol{x} \|^2 \tag{2-23}$$

式中，$\boldsymbol{w}$ 为所有权重的集合；$\boldsymbol{\rho}$ 为所有偏差的集合；$\mathcal{N}$ 为训练数据的数量；$\boldsymbol{x}$ 为 x 作为输出层矢量的输入，对所有训练输入 x 求和；符号 $\| \cdots \|$ 为向量的范数；$\mathbb{D}$ 也称为二次成本函数，有时它也被称为均方误差（MSE，Mean Squared Error）[103]。如果学习算法能够找到合适的权重和偏差来使 $\mathbb{D}(\boldsymbol{w},\ \boldsymbol{\rho}) \approx 0$，那么这是一个恰当的学习算法。因此，训练算法的目标是通过调整函数的权重和偏差来最小化损失函数 $\mathbb{D}(\boldsymbol{w},\ \boldsymbol{\rho})$。一般使用一种称为梯度下降法的算法来实现这一目标。

因为要识别的调制方式为多种，后面章节所涉及的 DL 方法统一使用支持多分类的对数代价函数 categorical crossentropy 的形式。

2.4.3.4 梯度下降算法

当调整模型更新权重和偏差参数的方式时，优化算法可以使模型产生更好和更快的结果，例如随机梯度下降（Stochastic Gradient Descent，SGD）[104]，Adadelta 优化器算法[105]，均方根比例算法（Root Mean Square Proportion，RMSProp）[106]和自适应矩估计算法（Adaptive Moment Estimation，Adam）[107]。具体选择哪种算法形式，要根据使用的网络结构形式以及分析的数据集来进行判断使用。后面章节根据实际分析情况来选择使用合适的优化算法。

用于描述梯度下降法的通用公式形式表述如下，假设要优化的参数为 y，目标函数为 $g(y)$ 和初始学习率为 Θ。然后执行迭代优化，执行次数由 k 表示。

（1）计算当前参数的目标函数的梯度：

$$f_k = \nabla g(y_k) = \frac{\partial g}{\partial y_k} \tag{2-24}$$

（2）基于历史梯度计算一阶动量公式（2-25）和二阶动量公式（2-26）：

$$n_k = A_1(f_1, f_2, \cdots, f_k) \tag{2-25}$$

$$m_k = A_2(f_1, f_2, \cdots, f_k) \tag{2-26}$$

式中，一阶动量 $A_1(\cdot)$ 和二阶动量 $A_2(\cdot)$ 均为历史梯度和当前梯度的函数。

（3）计算当前时刻的下降梯度：

$$z_k = \Theta \frac{n_k}{\sqrt{m_k}} \tag{2-27}$$

（4）根据下降梯度进行更新：

$$y_{k+1} = y_k - z_k \tag{2-28}$$

后面章节根据具体情况选取梯度下降算法，见表 2-3。为了更好评估本书所设计的 DL 方法和对比方法的公平性，在每部分实验对比的 DL 方法中使用相同的梯度下降算法。

表 2-3 各部分实验使用的梯度下降算法

对应章节	仿真实验环境	梯度下降算法
第 3 章	浅海	Adam
	深海	Adam

续表 2-3

对应章节	仿真实验环境	梯度下降算法
第 4 章	浅海	SGD
	深海	SGD
第 5 章	浅海	RMSProp
	深海	Adam

2.4.3.5 训练批量大小

在训练神经网络时，首先要选择输入数据批量的大小来确定梯度下降的方向。如果数据集很小，则可以采用完整数据集的形式。训练网络模型时，直接输入全部数据集的优势在于，第一，由于不同权重的梯度值差别很大，因此训练时输入整个数据集则很容易选择全局学习率。第二，由于完整数据集确定的梯度下降方向可以更好地表示整个样本分布情况，从而可以使训练的网络模型更准确地朝向极值方向移动。但是目前为了提高神经网络的学习能力都使用了较大的数据集，上述输入整个数据集到网络模型进行训练的两个优点反而变为两个缺点，一方面，在使用全局学习速率方式进行网络模型的训练迭代时，由于各种数据批次之间的采样差异，会导致梯度校正值彼此抵消并且不能被校正；另一方面，一般用于训练网络模型的数据集量都很大，比如常用的图像数据集 ImageNet 有 150GB 的数据集，Google 开源图像数据集有 40GB，MS COCO 经过压缩后的数据集也达到了 25GB。鉴于目前计算机内存容量和图形内存容量限制，不可能将所有数据一次性导入模型进行训练。

由于完整数据集不适用于大型数据集，与这种情况相对的另一个极端是一次只训练一个样本，叫作在线学习。使用在线学习方式时，梯度学习的每个校正方向由相应样本的梯度方向来校正。这就导致梯度学习的方向和实际数据分布情况难以一致，很难实现网络模型的学习收敛，最终使训练结果无效。

通过上述分析，在网络模型训练时无论是一次性输入整个数据集，还是每次只输入一个数据集样本，均无法有效地训练网络模型。所以训练网络模型更好的方法是将数据随机分成几个统一大小的数据块，然后分批输入。与一次性输入整个数据集的方式相比，分批量输入数据集样本到网络模型进行训练可以使训练出的网络模型适用性更好。也就是说如果数据集的分布足够、代表性强，那么用数据集的一部分数据训练出的梯度几乎与输入整个数据集训练出的梯度相同。这里梯度的含义是斜率，它用于机器学习以找到最佳结果（曲线的最小值）。这里的分批输入网络模型进行训练的数据集样本叫作训练批量大小（Batch Size）。

太大的批量大小往往会陷入尖锐的最小值，导致在训练模型后应用时的泛化性能表现不佳，因此为批量大小选择合适的大小很重要[108]。尖锐极小值（Sharp Minima）相当于局部的最小值，如图 2-5 所示。局部最小值不是整体的全局最小值（Global Minimum）（见二维码彩图中红色标记位置），但是在训练过程中很容易落入局部最小值（Local Minimum）（见二维码彩图中蓝色标记位置）并且不能跳出。在图中，垂直轴 Loss 表示网络模型的全局损失，而水平轴 w 表示网络模型的权重。对解析函数的梯度进一步分析可以知道，当梯度值为 0 时，可以说该点是函数的极值点。如果函数是凸函数，则极值点是最重要的点，因为极值点直接反映了数据集的突出特征。然而多层神经网络不是凸函数，因此理论上存在多个局部最小值。随着层数的增加，局部最小值越多，需要跳过的局部最小值就越多。常用的避免网络模型陷入局部极小值的技术方法就包括了选择合适的 Batch Size 大小等。

为了更好地进行本书 DL 算法和对比 DL 方法的训练及评估，仿真实验中 Batch Size 统一设置为 128。

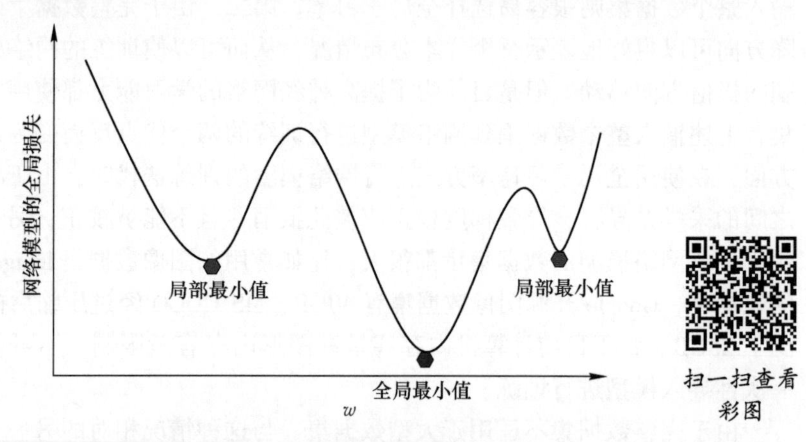

图 2-5 局部最小值和全局最小值对比

2.4.3.6 早期终止机制

当完整的数据集通过神经网络一次并返回一次时，该过程称为一次 Epoch。但是，由于数据集过大不能一次输入网络模型中，需要分批输入网络模型中进行训练。对应着分批输入网络模型进行训练的数据集，每批输入网络模型进行训练的数据批量对应着 Epoch。

为了提高网络模型的训练效率，在达到预期效果或者无法有效训练时应该有及时退出方式，叫作早期终止（Early Stop）机制。如果发现训练过程中评估损失函数没有从先前的 Epoch 训练中减少，则训练在几个 Epoch 之后停止训练。训练过程可以终止于有效训练的正常收敛，也可能发生在网络模型无法有效学习到数据集的概率分布的情况下。早期终止机制，侧重于评估网络模型在验证集上的错误，并在训练错误未显著改善优化时及时停止相关训练。这样可以大大减少无效训练的时间，提高网络模型设计时的效率。

本书后面仿真实验中，各种所涉及的 DL 方法采用的 Early Stop 机制均设置为 5。

2.5 信号数据集的产生方式

2.5.1 深浅海信道形式

2.5.1.1 浅海信道

在仿真实验中，浅海的信道模型参数设置如下：海上风速为 20knots，发射换能器和接收水听器在 10m 水深下，两者之间的距离为 5000m。实验中使用的浅海信道模型参数已经在浅海中进行了实际验证[109]。

2.5.1.2 深海信道

深海信道模型参数采用如下设置：海底深度为 5000m，声源位于水下 1000m 处，水听器位于水下 900m 处，信号发送和接收器之间距离为 56km，对应的深海信道具体参数见文献 [109]。

上述的深浅海信道均符合多途干扰的信道模型形式，结合其他水声通信环境因素，可以有效检验在典型水声环境影响下本书所设计网络模型的信号调制识别能力。

2.5.2 水声信号数据集产生方式

信号数据集的产生是通过软件定义无线电平台实现的，基于 Gnuradio 开源软件方式仿真实现[110]。详细设置如下：载波频率为 10kHz，符号传输速率为 1000 符号/s。噪声随信噪比而变化，其标准差由公式 $10^{-\frac{SNR}{10}}$ 计算获得，其中 SNR 指信噪比的值。加性噪声是带限的、零均值的高斯白噪声，噪声发生器随机种子数设置为 14631。信噪比范围为-20～20dB。采样率设置为 32Hz，最大采样率中存在 1.5Hz 的偏差，在采样速率标准漂移过程中的每个采样偏移 1Hz。频率选择性衰落仿真采用 20 个余弦波。升余弦脉冲整形滤波器滚降因子为 0.35。

为了更好地体现仿真实验的有效性，在仿真过程中所发送的原始数据是正常通信过程中常用的文本 txt 格式文件和音频 mp3 格式文件（内容不限制），经过仿真平台转换成 0　1 的原始待调制信号，然后经过水声常用调制方式进行调制后，通过深浅海信道在接收端获得要分析的信号调制数据集。

在生成的待分析信号数据集中，其中一半的接收数据通过 txt 格式文件生成，另一半接收数据通过 mp3 格式文件生成，以保证最终的调制识别效果与发送内容无关。通过在整个数据集中分割数据来获得训练网络模型的训练数据集和验证网络模型有效性的验证数据集。总数据集的一半用作训练数据集，另一半用作验证数据集。为了避免使用总数据集中的连续数据带来的分布类似以及与发送内容相关的问题，通过总数据集中的数据索引序列号随机分散选取数据来形成训练数据集和验证数据集，保证了训练出的网络模型效果与发送具体内容及原始 txt 和 mp3 数据的分布无关。

后面章节的实验环境参数均参照如上设置。

2.6 本章小结

本章主要详细阐述了研究课题的基础知识，说明了课题展开的思路。对水声信道的自身物理特性做了详细分析说明，将水声信道的时间衰落模型、变化的信号长度和多普勒效应等主要影响做了重点说明。然后扼要概括了水声的通信形式，以及常用水声通信信号的调制形式。最后简明提炼了深度神经网络的通用结构形式，组成深度学习算法中的主要技术手段，包括激活函数、随机去激活技术、代价函数、梯度下降算法、训练批量大小和早期终止机制等，并说明了用于深度学习网络训练和验证的数据集组成形式。

3 异构与短连接网络在不同时间衰落模型下的信号调制识别

本章主要通过深层的网络结构在深浅海信道不同时间衰落模型下，进行多种调制方式的分类识别。因为水声信道的复杂特性，为了使所采用的方法达到理想的识别效果，必须采用更深层次的网络结构形式来获取更多的信号数据集高级分类表征，最终实现多种调制方式的高效识别。但是当网络结构变得复杂时，会导致网络模型训练上的困难，这主要是深层次网络结构造成的。需要通过合理的网络结构设计来克服网络结构加深造成的问题。

本章内容简述如下：3.1 节主要探讨了在深层网络结构形式下，利用异构网络结构形式来获取水下通信数据集的分布特征。并通过选择合适的池化方式和非线性激活函数的形式来降低提取信号数据集特征的误差，增加网络的非线性能力，提高调制方式分类的性能，解决网络模型容易对信号数据集特征学习失效的问题。3.2 节主要通过一维序列卷积结构及短连接方式组成基本网络模块，这种方式可以缓解因为网络加深导致的梯度消失问题。同时采用可变卷积核的方法来扩充提取信号特征的类型，并添加了由网络中间层获知的信号特征，进一步提取到更多隐藏信号分类信息。在不增加运算量的情况下，大幅度提高了调制识别效果。3.3 节分别在深浅海信道下，对两种设计的网络结构形式通过仿真实验进行了验证，说明了所设计网络模型的有效性。3.4 节为本章小结。

3.1 异构卷积神经网络结构

3.1.1 卷积神经网络运算方式

设计合理的、适用于浅海水声通信的调制识别网络，首先需要分析网络结构的基本组成。下面从组成网络的基本单元说明异构网络结构设计的方式。

3.1.1.1 卷积网络的维度

一般的卷积运算包括 1D、2D 和 3D 运算，D 代表维度（Dimension）。图 3-1 是使用 2D 卷积核的数据序列的 CNN 运算方式。这里卷积运算的维数是 2，即对两个连续的数据序列执行卷积运算。2D 卷积是通过堆叠多个连续数据的形式来形成平面，然后在平面中使用 2D 卷积核进行数据处理。在该结构中，卷积层中的每个特征映射连接到前一层中的多个相邻连续序列中，从而捕获数据集中的关键高级信息特征。在图 3-1 的右边的两个值（黑色方框）是通过将当前数据在上一级的两个连续帧中相同位置的数据做卷积而获得的。因为卷积核的权重在整个平面中是相同的，2D 卷积核只能从平面中提取一种类型的数据特征，图中相同颜色的连接线表示相同的卷积内核做运算。可以使用这种方式通过设置各种卷积核的大小，来提取数据集中需要分析的各种数据特征。因为信号集中两个连续帧相同位置的数据中，往往包含了重要的调制分类信息。这种方式能够提取到这类关键的调制区别特征，进而实现有效的分类识别。

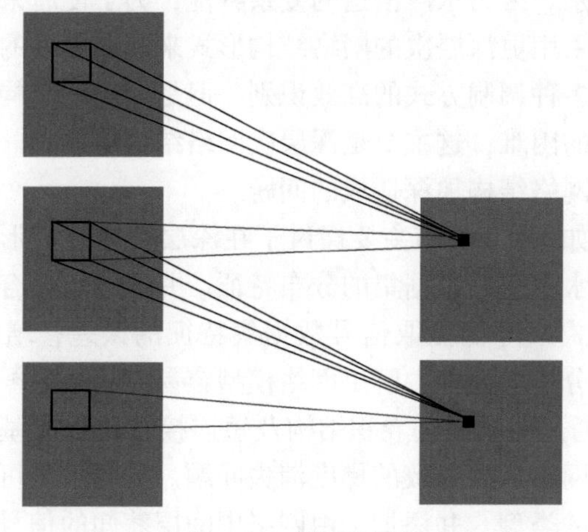

扫一扫查看彩图

图 3-1　2D 卷积运算

3.1.1.2　池化操作

常用的 CNN 结构中通常都包含池化（Pooling）层，该操作在减少网络模型参数，解决网络模型泛化能力弱，提升分类识别性能等方面的作用十分明显。

池化层也称为下采样层，它一般都跟随在卷积层之后。特征提取的误差主要来自两个方面：一方面是卷积层参数误差导致估计平均值的偏移；另一方面是邻域范围的有限大小的汇聚计算引起的估计值方差的增加。在池化处理中，图 3-2（a）中的最大池化操作（MaxPooling）将最大值周围的信息视为无效，因此信息将被删除。MaxPooling 可以减少上述第一个方面的错误并保留更多重要的特征细节。这里过滤器的大小设置为 2×2。与图 3-2（a）中的 MaxPooling 类似，平均池化操作（AveragePooling）中的数据被平均以改进整体数据的分类性能。AveragePooling 可以减少第二方面的错误，保留分析对象数据集的更多背景信息内容。

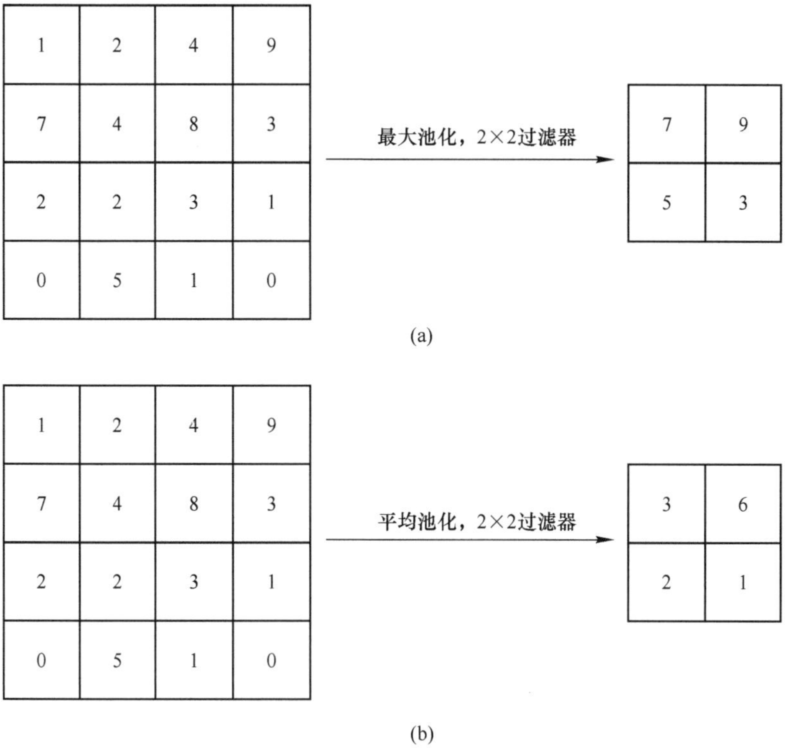

1	2	4	9
7	4	8	3
2	2	3	1
0	5	1	0

最大池化，2×2过滤器 →

7	9
5	3

(a)

1	2	4	9
7	4	8	3
2	2	3	1
0	5	1	0

平均池化，2×2过滤器 →

3	6
2	1

(b)

图 3-2　池化方法

（a）最大池化操作（MaxPooling）；（b）平均池化操作（AveragePooling）

通常情况下，AveragePooling 着重强调整体数据集特征信息的一级下采样。在分析对象信息数据在整个网络结构的完整传输维度过程中，AveragePooling 更多的贡献是在减少参数维度的方面。而在这方面，MaxPooling 的效果要比 AveragePooling 更好。尽管 MaxPooling 和 AveragePooling 都对数据进行了采样，但 MaxPooling 更像是一种功能选择。MaxPooling 具有更好分类的能力并提供非线性特性。同时，当 MaxPooling 减小维度时，将信息传递给下一个网络模块进行特征提取时，会产生更有利于用于后面网络层的特征信息。在调制分类过程中，并非所有信息都来自需要识别的发送符号，水下通信的信号数据集中，同样存在可丢弃的外围冗余信息。因此，在干扰严重的浅海信道下，使用 MaxPooling 方式更有利于在不同时间衰落模型下识别水声信号的调制方式。

3.1.1.3　卷积神经网络的卷积运算方式

通过分析卷积操作的运算过程，有利于针对浅海信道的信号调制数据识别设计合理的网络结构。在图 3-3 中，以 CNN 最常处理的数据格式为例，简单解释 CNN 中的常用术语。

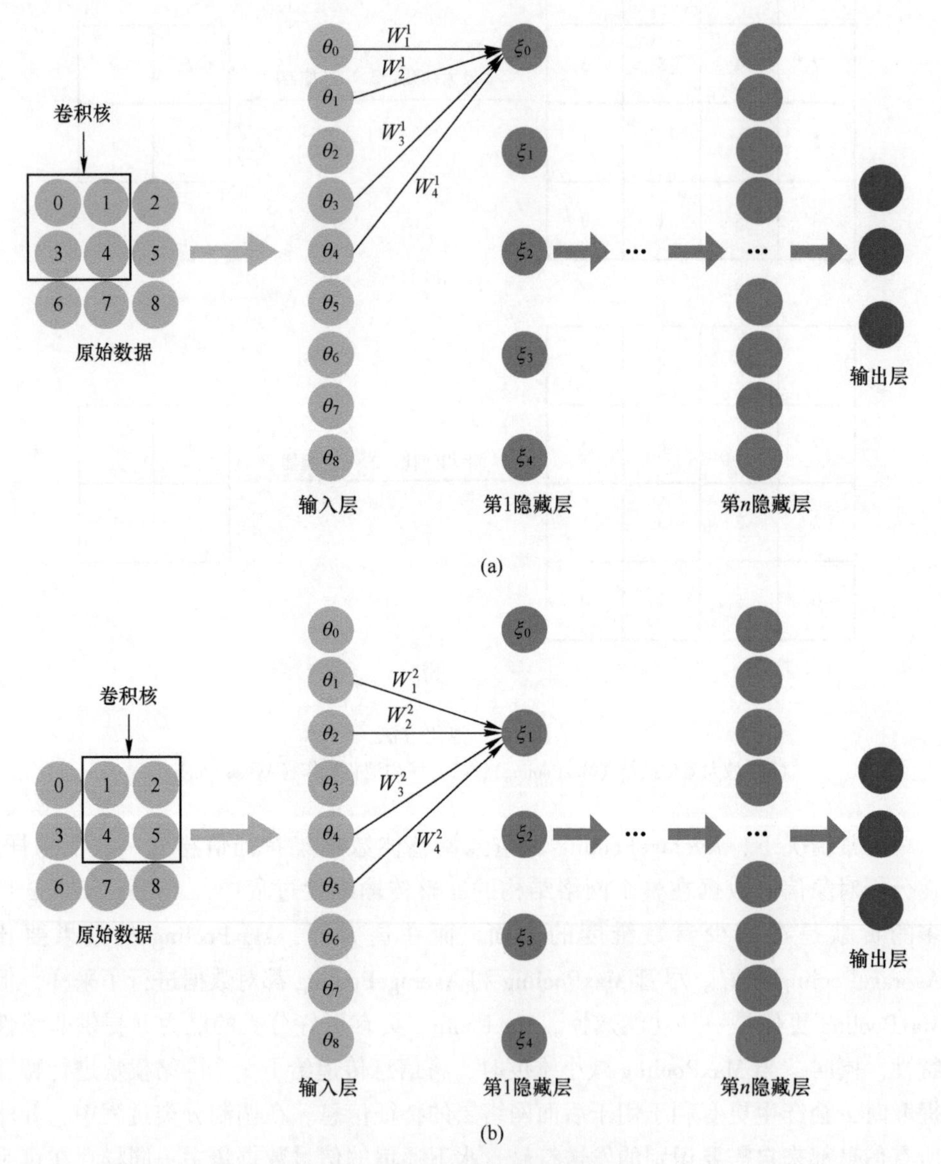

图 3-3 CNN 卷积运算示意图

（a）卷积开始的位置；（b）卷积移动后的位置

原始数据的序号对应于图 3-3 中的输入层的数据序号（从 0~8）。这里从输入层到隐藏层的线代表一般的卷积运算，采用 2×2 的卷积核。

图 3-3（a）初始位置的卷积运算表示为：

$$\xi_0 = W_1^1 \otimes \theta_0 + W_2^1 \otimes \theta_1 + W_3^1 \otimes \theta_4 + W_4^1 \otimes \theta_5 + \sum_{i=1}^{4} \varepsilon_i^1 \tag{3-1}$$

式中，W_s^σ 为权重，s 为卷积核的大小，$s=0, 1, \cdots, 4$，σ 为步幅的序号，这里有两步卷积，对应 $\sigma=1, 2$；θ_ρ 为输入层的神经元，$\rho=0, 1, \cdots, 8$；ξ_ℓ 为通过输入层卷积计算的第 1 隐藏层的结果，ℓ 为该层中的神经元数量，$\ell=0, 1, \cdots, 4$；ε 为偏差；$\otimes$ 为卷积运算。

以相同的方式，图 3-3（b）移动位置中的卷积运算表示为：

$$\xi_1 = W_1^2 \otimes \theta_1 + W_2^2 \otimes \theta_2 + W_3^2 \otimes \theta_5 + W_4^2 \otimes \theta_6 + \sum_{i=1}^{4} \varepsilon_i^2 \tag{3-2}$$

那么可以得到卷积运算的一般形式：

$$\boldsymbol{\xi}_\ell = \boldsymbol{W}_s \boldsymbol{\theta}_\rho + \boldsymbol{\varepsilon}_s \tag{3-3}$$

式中，$\boldsymbol{\xi}$、$\boldsymbol{W}$、$\boldsymbol{\theta}$、$\boldsymbol{\varepsilon}$ 为向量形式。以此为基础，可以延伸出下节基于池化技术的 CNN 前向和反向传播的推导过程。

3.1.2 具有池化操作的正向与反向传播过程推导

分析带有池化操作的 CNN 正反向传播过程，能够明晰在浅海信道不同时间衰落模型下深度网络学习信号数据失效问题，为进一步设计高效网络结构、提高调制分类效果打下基础。在反向传播之前都要经过正向传播过程，为了整个推导过程的完整性，先简单介绍前向传播推导过程，然后再详细说明池化反向传播过程。

3.1.2.1 正向传播过程

CNN 前向传播和传统的全连接层的 DNN 并不相同，CNN 的前向传播过程主要包括了从输入层到中间卷积层，然后从中间卷积层再到池化层。其中输入层到卷积层的过程中，采用的是连接局部、共享参数、卷积操作的并行计算方式。

A 从输入层到第 1 层卷积层

$$\xi_\ell^1 = W_s^1 \otimes \theta_\rho^0 + \sum_{s=1}^{\mathbb{S}} \varepsilon_s^1 \tag{3-4}$$

式中，$\mathbb{S}$ 代表使用的卷积核个数，$s=0, 1, \cdots, \mathbb{S}$。其他参数代表意义和上述卷积运算相同。

用 $f(\cdot)$ 代表卷积层神经元使用的激活函数，则对应着第 2 层输入和输出为：

$$\theta_\rho^1 = f(\xi_\ell^1) \tag{3-5}$$

$$\xi_\ell^2 = W_s^2 \otimes \theta_\rho^1 \tag{3-6}$$

B 从第 2 层卷积层到第 3 层池化层

$$\theta_\rho^2 = f(\xi_\ell^2) \tag{3-7}$$

$$\xi_\ell^3 = W_s^3 \otimes \mathbf{pooling}(\theta_\rho^2) + \sum_{s=1}^{S} \varepsilon_s^3 \tag{3-8}$$

式中，**pooling**(·) 为池化运算，因为这里使用的是 MaxPooling 操作，就是把池化层的值放到池化之前子矩阵最大值的位置上。池化运算定义为：

$$\mathbf{pooling}(X) = C\mathbf{down}(X) + \varepsilon \tag{3-9}$$

式中，C、ε 为标量参数，这种表示形式主要是为了使池化层具有可学习性。因为池化的操作相当于对分析的矩阵数据做了下采样，这里用 **down**(·) 来表示。X 代表了输入的矩阵数据。

C 从第 3 层池化层到第 4 层卷积层

$$\theta_\rho^3 = f(\xi_\ell^3) \tag{3-10}$$

$$\xi_\ell^4 = W_s^4 \otimes \theta_\rho^3 + \sum_{s=1}^{S} \varepsilon_s^4 \tag{3-11}$$

D 最终第 n 层的输出

$$\theta_\rho^{n-1} = f(\xi_\ell^{n-1}) \tag{3-12}$$

$$\xi_\ell^n = W_s^n \otimes \theta_\rho^{n-1} + \sum_{s=1}^{S} \varepsilon_s^n \tag{3-13}$$

3.1.2.2 反向传播过程

CNN 的反向传播过程和传统 DNN 在过程上不太一样，两者一样的只是最后卷积层到最后输出层的形式。因为卷积层由多个卷积核组成，各个卷积核的操作方式是一致的且相互之间是各自独立的。假设当前层第 r 层为卷积层，上一层第 $r-1$ 层为池化层，下一层第 $r+1$ 层也为池化层，这种形式代表了最常见的基于深层的 CNN 网络结构。在反向传播时有

A 从第 $r-1$ 层池化层到第 r 层卷积层

$$\theta_{\rho}^{(r)}=f(\xi_{\ell}^{(r)})=f\left(\sum_{j=1}^{\mathbb{A}_{r-1}}W_{sj}^{(r)}\otimes\theta_{\rho}^{(r-1)}+\sum_{s=1}^{S}\varepsilon_{s}^{(r)}\right)\tag{3-14}$$

式中，$\mathbb{A}_{r-1}$ 为第 $r-1$ 层的池化个数。

B 从第 r 层卷积层到第 $r+1$ 层池化层

第 r 层卷积层到第 $r+1$ 层池化层做池化运算时，导致矩阵维度减小，因此，在计算第 r 层的输出时，需要升级维度成卷积层对应的矩阵维度形式：

$$\lambda_{s}^{(r)}=C_{s}^{(r+1)}(\theta_{\rho}^{(r)}\circ\boldsymbol{up}(\lambda_{s}^{(r+1)}))\tag{3-15}$$

式中，$\lambda^{(r)}$ 为第 r 层对 W、ε 求偏导的输出；$\boldsymbol{up}(\cdot)$ 为上采样升级成卷积层的矩阵维度；$\circ$ 为按元素相乘。然后对神经网络的代价函数 $G(\cdot)$ 对 W、ε 求偏导：

$$\frac{\partial G}{\partial W_{sj}^{(r+1)}}=\sum_{\varphi\sigma}(\lambda_{s}^{(r+1)})_{\varphi\sigma}(\mathbb{Y}_{j}^{(r)})_{\varphi\sigma}\tag{3-16}$$

$$\frac{\partial G}{\partial \varepsilon_{s}^{(r+1)}}=\sum_{\varphi\sigma}(\lambda_{s}^{(r+1)})_{\varphi\sigma}\tag{3-17}$$

式中，运算 $(\cdot)_{\varphi\sigma}$ 为遍历括号内的所有元素进行计算，φ 为第 r 层卷积层神经元序号，σ 为第 $r+1$ 层池化层神经元序号；$(\mathbb{Y}_{j}^{(r)})_{\varphi\sigma}$ 为 $\lambda_{s}^{(r)}$ 所连接的 $r+1$ 层中相关元素构成的矩阵。

C 从第 $r+1$ 层池化层到输出层

假设当前第 $r+1$ 层为池化层时作为输出层的输入，可以根据 DNN 的反向传播求导公式来计算。这里对 ε 的递推公式和式（3-17）一致，只是对 W 的递推公式有所不同，具体形式如下：

$$\frac{\partial G}{\partial W_{sj}^{(r+1)}}=\sum_{\varphi\sigma}(\lambda_{s}^{(r+1)}(\theta_{\rho}^{(r)})^{\mathrm{T}})_{\varphi\sigma}\tag{3-18}$$

式中，T 为转置运算。

在卷积层加池化层的深度网络设计时，通常都是通过一层卷积层后加上一层池化层的交替方式来设计网络的。所以以上是“池化层→卷积层→池化层”的形式，对应着还有“卷积层→池化层→卷积层”的形式，对应着反向传播过程有：

（1）从第 $r-1$ 层卷积层到第 r 层池化层。

$$\theta_{\rho}^{(r)} = f\left(\sum_{j=1}^{A_{r-1}} W_{sj}^{(r)} \otimes \mathbf{pooling}(\theta_{\rho}^{(r-1)}) + \sum_{s=1}^{S} \varepsilon_{s}^{(r)}\right) \tag{3-19}$$

（2）从第 r 层池化层到第 $r+1$ 层卷积层。

第 r 层池化层的各个神经元 λ 仅与第 $r+1$ 层有关，同时，这两层之间做窄卷积运算，减小了数据维度。因此，为了下面的计算需要扩展维度做宽卷积运算，这里通过将 $\lambda_{s}^{(r+1)}$ 与相应的卷积核做运算来实现。所谓的宽卷积就是对在维度上不够的列或者行，通过补零的方式来达到需要的维度。故有：

$$\lambda_{s}^{(r)} = \sum_{j=1}^{A_r} \theta_{s}^{(r)} \circ \mathbf{convb}(\lambda_{j}^{(r+1)}, W_{sj}^{(r+1)}) \tag{3-20}$$

式中，$\mathbf{convb}(\cdot)$ 为宽卷积运算。和上面情况类似，对 ε 的递推公式和式（3-20）形式一致，只是对 C 的递推公式有所不同，具体形式如下：

$$\frac{\partial G}{\partial C_{s}^{(r+1)}} = \sum_{\varphi\sigma} (\lambda_{s}^{(r+1)} \circ \mathbf{pooling}(\theta_{\rho}^{(r)})_{\varphi\sigma} \tag{3-21}$$

通过以上分析可以看出，带有池化层的深层卷积网络结构形式，可以通过维度的变化来更好地完成前后传播过程，克服信号调制数据集因为不同时间衰落模型导致的变化差异，缓解深层次网络对调制信号数据学习失效的问题。

3.1.3 异构网络结构设计

这里的异构网络架构设计思路主要参考大型深层次 CNN 的设计思路。其中最具代表性的是 VGGNet 结构[111]，VGGNet 在 2014 年 ImageNet 竞赛中取得良好成果，证明了网络的深度是提升深度学习算法性能的关键部分。本章为调制方式分类识别设计的架构使用了类似的网络结构形式，但为了在特殊的水声通信数据集中提取更多有效信号识别特征，应对浅海信道下不同时间衰落模型的影响，对网络结构形式进行了改造。这种特殊设计的网络架构中主要包含了四层卷积层和三层全连接层。

本节设计的深度学习网络架构如图 3-4 所示，主要由输入层、随机去激活层、非线性函数层和全连接层组成。

在图 3-4 中，卷积层（conv 为 convolution 的简写形式），池化/2（pool/2）表示池化操作采用 2×2 过滤器的 MaxPooling 操作，全连接层（fc 为 fully connected layer 的简写形式）。1×1 表示每层中卷积过滤器的大小。这里采用 1×1 过滤器形式可以在深层次的网络结构中，提高模型的效率，获得图 3-4 高效异构

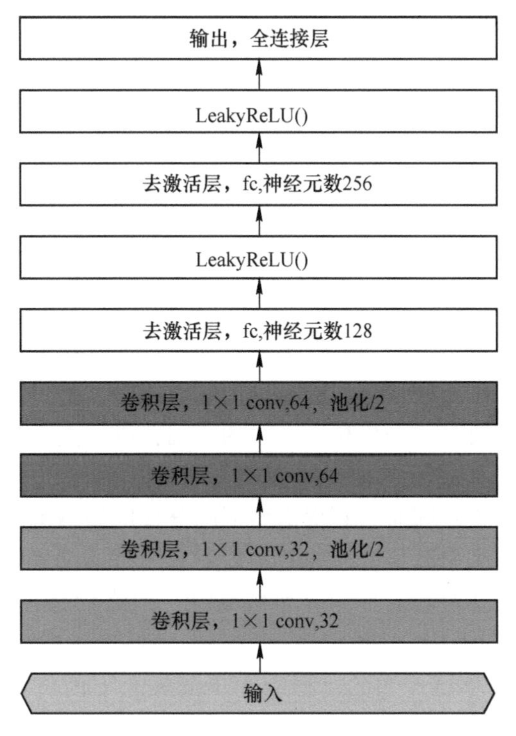

图 3-4　异构网络架构

网络架构形式。在去激活层（Dropout）和 fc 层中的数字（128，256）代表每层中包含的神经元数量。

前两个隐藏层都由 conv 层组成，图 3-4 中第 1 隐藏层为“1×1 conv，32”代表了 32×1×1 的卷积层，也就是卷积层由 32 个 1×1 形式的卷积过滤器的方式组成。其他层的参数含义类似。第 3 和第 4 卷积层都设置为 64×1×1 的形式。在第 3 层和 4 层隐藏层结构中，中间层选择 64×1×1 的形式，并且不选择 32×1×1 的形式，主要是因为在经过多层特征提取后，通过扩大过滤器的范围以更好地获取多层提取后的高级信号数据特征。

在网络结构设计上，为了提高性能，在全连接层之后添加上了 LeakyReLU 层。LeakyReLU 是 ReLU 的特殊版本。当网络模型在训练时需要随机停用部分神经元的功能时，LeakyReLU 仍然具有非零输出值。可以使 LeakyReLU 产生较小的梯度，避免了 ReLU 导致的神经元完全失活所造成的网络模型学习数据集特征失效的问题。

LeakyReLU 函数定义如下：

$$\mathrm{LeakyReLU}(\varsigma)=\begin{cases}\varsigma & \varsigma>0\\ \alpha\varsigma & \varsigma\leqslant 0\end{cases}\tag{3-22}$$

式中，α 为大于 0 的浮点数，表示非线性激活函数的斜率。

3.2 深层短连接网络结构形式

3.2.1 梯度消失问题分析

通过文献［84］实验可以发现，随着网络模型深度的不断增加，网络模型的识别准确性在不断提高。当网络级别增加到一定数量时，训练准确性和测试准确性不但没有继续增加反而迅速下降。这表明当网络变深时，会遇到梯度消失现象，使得网络变得更难训练[87]。因为信号数据集受到在深海信道下的不同时间衰落模型的干扰，使网络模型在识别多种调制方式时，这种深层网络梯度消失现象一样存在。所以需要具体分析梯度消失的原因，进行更合理的网络结构设计。

下面通过网络传播过程的推导来说明产生的原因，以及分析如何克服此问题，从而实现深海信道不同时间衰落模型下的合理网络结构设计。随着网络层次越来越深，网络模型识别效果变得越差的主要原因是梯度参数传递的问题。也就是说，当网络模型在学习数据集的分布概率时，网络模型学习得到的参数在内部多层网络层间传递时，反映数据集概率分布的梯度参数不仅没有反映出数据集特征，反而在内部逐层传递的过程中逐步消失。下面将通过图 3-5 进行简要描述。

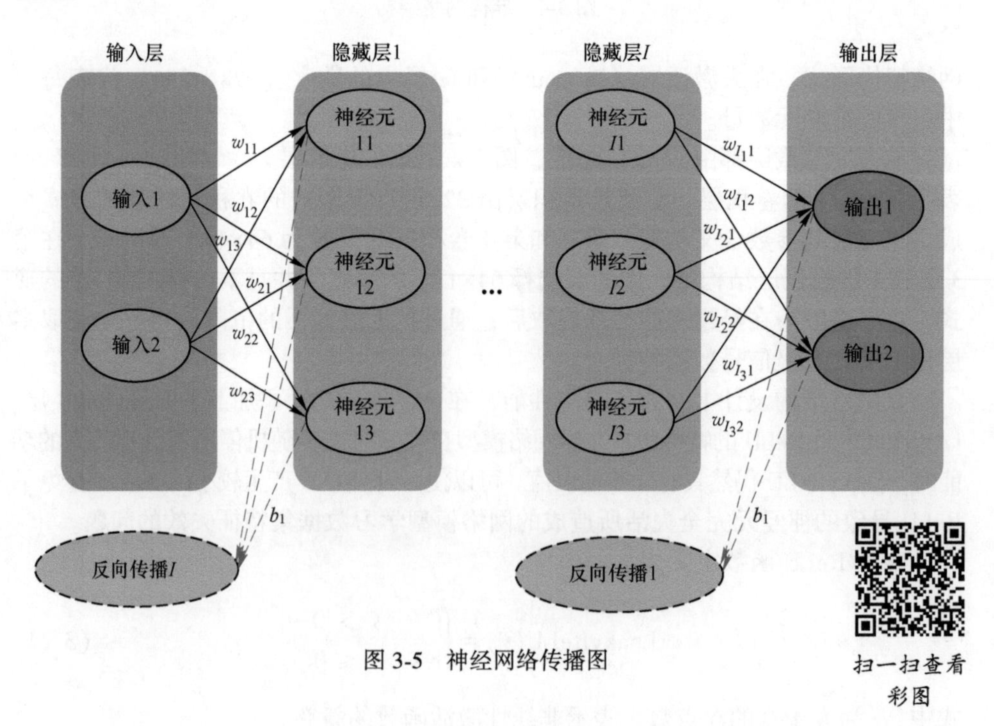

图 3-5 神经网络传播图

扫一扫查看彩图

输入层（Input Layer）中 k 代表输入层的神经元，这里 $k=1,2$。隐藏层（Hidden Layer）中神经元（Neuron）ip 表示隐藏层的神经元，其中 i 代表了隐藏层的层数，$i=1,2,\cdots,I$；p 代表了每层隐藏层中包含神经元的数目，$p=1,2,3$。可根据实际情况通过使用多个隐藏层，并在每层隐藏层设置合适神经元个数的方式来达到更好的识别效果。输出层（Output Layer）中 k 代表输出层的神经元，这里 $k=1,2$。从其中 Hidden 层中的神经元到下层神经元可以存在多个映射，每个映射对应于权重值。反向传播以绿色表示（见二维码彩图），因为它仅是一种操作形式，所以由虚线表示。

3.2.1.1 前向传播

假设构建包含多个隐藏层的神经网络结构，这里结构指的是神经元之间的连接模式。最常见的就是包含 I 层隐藏层的 DNN，假设输入层是第 1 层，输出层是第 $I+1$ 层，中间每层之间互相连接。可以将图 3-5 中的输入层到隐藏层的公式表述形式写成如下：

$$v_1^{(2)}=\psi(w_{11}^{(1)}x_1+w_{21}^{(1)}x_2+b_1^{(1)}) \tag{3-23}$$

$$v_2^{(2)}=\psi(w_{21}^{(1)}x_1+w_{22}^{(1)}x_2+b_2^{(1)}) \tag{3-24}$$

$$v_3^{(2)}=\psi(w_{13}^{(1)}x_1+w_{23}^{(1)}x_2+b_3^{(1)}) \tag{3-25}$$

式中，x_p 为输入；$v_p^{(i)}$ 为第 i 层第 p 单元的隐藏层激活输出值，当 $i=1$ 时，有 $v_p^{(1)}=x_p$，相当于输入层在没有经过隐藏层时等于自身；$w_{pq}^{(i)}$ 为第 i 层神经单元 p 和第 $i+1$ 层神经单元 q 的权重参数；$b_p^{(i)}$ 为第 i 层神经单元 p 的偏置；$\psi(\cdot)$ 为激活函数。

对参数集合 $\{\mathbb{W},\mathbb{B}\}$，这里 $\mathbb{W}$ 代表了权重 $w_{pq}^{(i)}$ 的集合，$\mathbb{B}$ 代表了偏置 $b_p^{(i)}$ 的集合。根据上面的前向传播递推规律，神经网络经过多层隐藏层后最后输出层的计算步骤如下：

$$o_1=\psi(w_{I_11}^{(I)}v_{I_1}^{(I)}+w_{I_21}^{(I)}v_{I_2}^{(I)}+w_{I_31}^{(I)}v_{I_3}^{(I)}+b_{I_1}^{(I)}) \tag{3-26}$$

$$o_2=\psi(w_{I_12}^{(I)}v_{I_1}^{(I)}+w_{I_22}^{(I)}v_{I_2}^{(I)}+w_{I_32}^{(I)}v_{I_3}^{(I)}+b_{I_2}^{(I)}) \tag{3-27}$$

式中，o_p 为神经元的输出，$p=1,2$。

如果用 $d_p^{(i)}$ 表示第 i 层第 p 个单元输入加权和，其中也包括了包括偏置单元的值，比如，$d_p^{(2)}=\sum_{q=1}^{Q}w_{pq}^{(1)}x_q+b_q^{(1)}$，$Q$ 代表第 $i+1$ 层神经单元的总数。有 $v_p^{(i)}=\psi(d_p^{(i)})$。将激活函数 $\psi(\cdot)$ 表示成向量形式 $\boldsymbol{\psi}(\cdot)$ 有：

$$\boldsymbol{\psi}(\{d_1^{(i)},d_2^{(i)},d_3^{(i)}\})=[\psi(d_1^{(i)}),\psi(d_2^{(i)}),\psi(d_3^{(i)})] \tag{3-28}$$

那么，上面的等式可以更简洁地等效表示为：

$$d^{(2)} = w^{(1)}x + b^{(1)} \tag{3-29}$$

$$v^{(2)} = \boldsymbol{\psi}(d^{(2)}) \tag{3-30}$$

$$d^{(3)} = w^{(2)}v^{(2)} + b^{(2)} \tag{3-31}$$

假设 $\varrho_{\mathbb{W},\mathbb{B}}(x)$ 代表计算输出结果，第 2 隐藏层的输出就可以表示成（如果从输入层作为第 1 层开始算起，第 2 隐藏层相当于 $i=3$）：

$$\varrho_{\mathbb{W},\mathbb{B}}(x) = v^{(3)} = \boldsymbol{\psi}(d^{(3)}) \tag{3-32}$$

以上就是前向传播计算过程。

假设输入层激活值用 $v_p^{(1)} = x_p$ 表示，给定第 i 层 $v^{(i)}$ 后，那么第 $i+1$ 层的 $v^{(i+1)}$ 有：

$$\boldsymbol{\Omega}^{(i+1)} = \boldsymbol{W}^{(i)}\boldsymbol{V}^{(i)} + \boldsymbol{B}^{(i)} \tag{3-33}$$

$$\boldsymbol{V}^{(i+1)} = \psi(\boldsymbol{\Omega}^{(i+1)}) \tag{3-34}$$

式中，$\boldsymbol{\Omega}^{(\cdot)}$ 为每层神经单元输出 $d_p^{(\cdot)}$ 的向量形式；$\boldsymbol{W}^{(\cdot)}$ 为权重 $w_p^{(\cdot)}$ 的向量形式；$\boldsymbol{V}^{(\cdot)}$ 为上层输入 $v_p^{(\cdot)}$ 的向量形式；$\boldsymbol{B}^{(\cdot)}$ 为偏差 $b_p^{(\cdot)}$ 的向量形式。表示成向量就可以使用向量运算上的优势，对神经网络逐层学习数据集特征的过程进行快速求解处理。

3.2.1.2 反向传播

神经网络的反向传播计算过程[112]需要先经过前向传播，以单个样例（x，o）为例，其对应的代价函数可以写成：

$$R(w,\ b;\ x,\ o) = \frac{1}{2}\parallel \varrho_{w,b}(x) - o \parallel^2 \tag{3-35}$$

这里 $\varrho_{w,b}(x)$ 和式（3-32）类似，这里是一个标量的形式。式（3-35）是只有两种情况时的方差代价函数。当有 u 个样本时，代价函数为：

$$R(\mathbb{W},\ \mathbb{B}) = \frac{1}{u}\left[\sum_{p=1}^{u} R(w,\ b;\ x^{(p)},\ o^{(p)})\right] + \frac{\varepsilon}{2}\sum_{i=1}^{I-1}\sum_{p=1}^{e_i}\sum_{q=1}^{e_{i+1}}(w_{pq}^{(i)})^2 \tag{3-36}$$

$$= \frac{1}{u}\left[\sum_{p=1}^{u}\frac{1}{2}\parallel f_{w,b}(x^{(p)}) - o^{(p)} \parallel^2\right] + \frac{\varepsilon}{2}\sum_{i=1}^{I-1}\sum_{p=1}^{e_i}\sum_{q=1}^{e_{i+1}}(w_{pq}^{(i)})^2 \tag{3-37}$$

式中，第 1 项是均方差项，第 2 项是权重衰减项，用以提高训练过程效率。ε 是控制权重衰减幅度的参数，可以协调式中两项的相对大小，用以更好地学习数据集的特性。e_i 代表了第 i 层的神经单元的个数。通过上两式的对比，主要不同在于 $R(\mathbb{W}, \mathbb{B})$ 包含了权重衰减项部分，可以用来更好地学习数据集概率特征，更准确地表达数据的分布概率情况。图 3-6 显示了输出层到隐藏层的反向传播过程（从隐藏层到输入层的反向传播过程类似）。

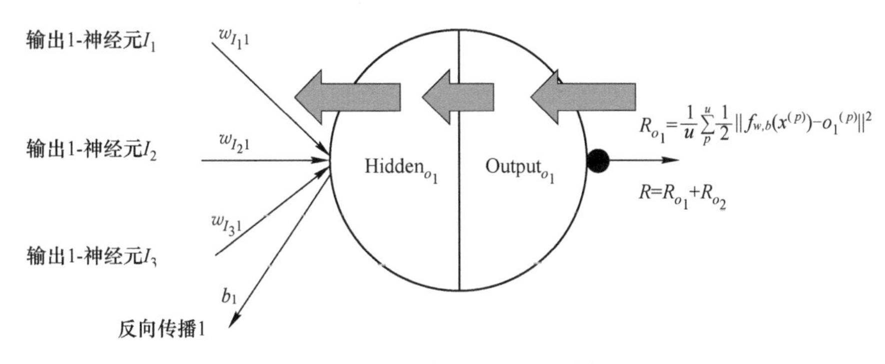

图 3-6 输出层到隐藏层的反向传播过程

反向传播是对参数 w 和 b 来求 $R(\mathbb{W}, \mathbb{B})$ 的最小值。在神经网络开始训练的时候，需要将网络中的每个神经元的权重 $w_{pq}^{(i)}$ 和偏差 $b_p^{(i)}$ 初始化为一个随机值，这个随机值很小近似于零。之后对 $R(\mathbb{W}, \mathbb{B})$ 使用最优化算法来一步步优化初始化的各个参数值，这里的最优化算法一般采用梯度下降的各种算法。因为 $R(\mathbb{W}, \mathbb{B})$ 大都是非凸函数，如果不使用最优化算法进行优化选值，最终结果很有可能仅仅到非全局最优的局部最优解上。也就是说，对于所有神经元的权重都会取值相同，即对数据集的样本输入有：$v_1^{(2)} = v_2^{(2)} = v_3^{(2)} = \cdots$，为了避免这种对称失效就必须使用随机初始化优化算法。该算法迭代更新参数 w 和 b 的计算如下：

$$w_{pq}^{(i)} = w_{pq}^{(i)} - \zeta \frac{\partial}{\partial w_{pq}^{(i)}} R(\mathbb{W}, \mathbb{B}) \tag{3-38}$$

$$b_{pq}^{(i)} = b_{pq}^{(i)} - \zeta \frac{\partial}{\partial b_{pq}^{(i)}} R(\mathbb{W}, \mathbb{B}) \tag{3-39}$$

式中，ζ 为网络模型学习数据集概率的速率，然后要计算上面两式的偏导数，使用反向传播算法来计算偏导数。整代价函数 $R(\mathbb{W}, \mathbb{B})$ 偏导数的计算方式如下：

$$\frac{\partial}{\partial w_{pq}^{(i)}} R(\mathbb{W}, \mathbb{B}) = \frac{1}{u} \sum_{p=1}^{u} \frac{\partial}{\partial w_{pq}^{(i)}} R(w, b; x^{(i)}, o^{(i)}) + \varepsilon w_{pq}^{(i)} \tag{3-40}$$

$$\frac{\partial}{\partial b_{pq}^{(i)}} R(\mathbb{W}, \mathbb{B}) = \frac{1}{u} \sum_{p=1}^{u} \frac{\partial}{\partial b_{pq}^{(i)}} R(w, b; x^{(i)}, o^{(i)}) \tag{3-41}$$

式（3-40）多出的一项 $\varepsilon w_{pq}^{(i)}$ 代表权重 w 的衰减。

通过连续迭代，调整参数矩阵，使输出结果的误差值更小，输出结果更接近需要分析的对象。从上述过程可以看出，神经网络在反向传播期间连续传播梯度参数。但是随着网络层的层数不断增加，梯度参数将在传播过程中逐渐消失。层越多，衰减越多，这使得无法有效地调整先前网络层的权重，最终使得训练好的网络模型无法达到预期的效果。此时，有必要在加深网络层数量后解决梯度参数消失的问题，提高识别的准确性。但是，在深海信道不同时间衰落模型对信号数据集造成了严重干扰，为了获得理想调制识别效果，必须获取足够的调制分类特征，这就需要较深的网络结构形式进行深层次信号特征的提取。

更深的网络层按照原理上来讲，不应该导致训练的效果下降，本不应该出现训练好的网络模型反而出现错误增加的情况。假设一个相对较浅的网络已经达到饱和精度，然后添加几个层间的短连接的方式，可以进一步增加网络的深度，并且最小误差不会因此而增加。通过这种方式，将前一层的输出直接传递给后面层，可以有效地克服因为网络层数增加带来的网络模型训练识别效果下降的问题。通过采用这种网络结构设计的方法，可以有效地在多层之间传递参数，提高网络模型的深度从而实现了网络模型的识别精度上的提高，并保证了网络模型不会因为深度的增加而导致参数传递失效的问题。通过这种网络结构设计思路可以更好地挖掘深海信道下水声信号数据的调制分类特征，从而克服深海信道下不同衰落模型的影响，实现有效的多种调制方式的识别。

这就需要分析具有短连接的网络结构形式的传播方式。在前向传播过程中，短连接的方式和上述过程类似，只是在上面过程中增加了直接前向传导过来的学习权重。而短连接网络的形式在反向传播过程中和上述过程有所不同。借助上述的反向传播，进一步分析短连接网络方式下的梯度计算步骤如下：

(1) 对应第 I 层的每个神经元短连接 $\Phi_p^{(I)}$ 可以表示为：

$$\begin{aligned}
\Phi_p^{(I)} &= \frac{\partial}{\partial d_p^I} R(w,\ b;\ x,\ o) \\
&= \frac{\partial}{\partial d_p^I} \frac{1}{2} \| o - f_{w,b}(x) \|^2 \\
&= \frac{\partial}{\partial d_p^I} \frac{1}{2} \sum_{q=1}^{e_I} (o_q - v_q^{(I)})^2 \\
&= \frac{\partial}{\partial d_p^I} \frac{1}{2} \sum_{q=1}^{e_I} (o_q - \psi(d_q^{(I)}))^2 \\
&= -(o_p - \psi(d_p^{(I)})) \cdot \psi'(d_p^{(I)}) \\
&= -(o_p - v^{(I)_p}) \cdot \psi'(d_p^{(I)})
\end{aligned} \tag{3-42}$$

（2）对于 $i = I-1,\ I-2,\ I-3,\ \cdots,\ 2$ 的各层，第 i 层的第 p 个节点的短连接计算方法如下：

$$
\begin{aligned}
\boldsymbol{\Phi}_p^{(I)} &= \frac{\partial}{\partial d_p^{I-1}} R(w,\ b;\ x,\ o) \\
&= \frac{\partial}{\partial d_p^{I-1}} \frac{1}{2} \| o - f_{w,b}(x) \|^2 \\
&= \frac{\partial}{\partial d_p^{I-1}} \frac{1}{2} \sum_{q=1}^{e_I} (o_q - v_q^{(I)})^2 \\
&= \frac{1}{2} \sum_{q=1}^{e_I} \frac{\partial}{\partial d_p^{I-1}} (o_q - v_q^{(I)})^2 \\
&= \frac{1}{2} \sum_{q=1}^{e_I} \frac{\partial}{\partial d_p^{I-1}} (o_q - \psi(d_q^{(I)}))^2 \\
&= \sum_{q=1}^{e_I} -(o_p - \psi(d_p^{(I)})) \times \frac{\partial}{\partial d_p^{I-1}} \psi'(d_q^{(I)}) \\
&= \sum_{q=1}^{e_I} -(o_p - v_p^{(I)}) \times \psi'(d_p^{(I)}) \times \frac{\partial}{\partial d_p^{I-1}} d_q^{(I)} \\
&= \sum_{q=1}^{e_I} \boldsymbol{\Phi}_q^{(I)} \times \frac{\partial}{\partial d_p^{I-1}} d_q^{(I)} \\
&= \sum_{q=1}^{e_I} \boldsymbol{\Phi}_q^{(I)} \times \frac{\partial}{\partial d_p^{I-1}} \sum_{r=1}^{e_{I-1}} w_{qr}^{I-1} d_r^{I-1} \\
&= \sum_{q=1}^{e_I} \boldsymbol{\Phi}_q^{(I)} w_{qp}^{I-1} \psi'(d_p^{(I-1)}) \\
&= \left(\sum_{q=1}^{e_I} w_{qp}^{I-1} \boldsymbol{\Phi}_q^{(I)} d_q^{(I)} \right) \psi'(d_p^{(I-1)})
\end{aligned}
\tag{3-43}
$$

将上式中 $I-1$ 和 I 的关系替换成 i 和 $i+1$，也就是有：

$$
\boldsymbol{\Phi}_p^{(i)} = \left(\sum_{q=1}^{e_I} w_{qp}^{i} \boldsymbol{\Phi}_q^{(i+1)} \right) \psi'(d_p^{(i)}) \tag{3-44}
$$

以上逐次从后向前求导，就实现了反向求导的过程。

（3）需要计算的偏导数 $\dfrac{\partial R(w,\ b;\ x,\ o)}{\partial w_{pq}^{(i)}}$ 和 $\dfrac{\partial R(w,\ b;\ x,\ o)}{\partial b_{pq}^{(i)}}$ 的方法如下：

$$\frac{\partial R(w,\ b;\ x,\ o)}{\partial w_{pq}^{(i)}} = v_q^{(i)} \boldsymbol{\Phi}_q^{(i)} \tag{3-45}$$

$$\frac{\partial R(w,\ b;\ x,\ o)}{\partial b_{pq}^{(i)}} = \boldsymbol{\Phi}_q^{(i+1)} \tag{3-46}$$

当扩展成多个样本的时候，求对权重矢量 $\mathbb{W}$ 的偏导数：

$$\frac{\partial R(\mathbb{W})}{\partial w_{pq}^{(i)}} = \frac{\partial R(\mathbb{W})}{\partial O_p^{(i+1)}} \cdot \frac{\partial O_p^{(i+1)}}{\partial w_{pq}^{(i)}} \tag{3-47}$$

式中，$O_p^{(i+1)}$ 代表对应 $i+1$ 层神经元求和。

$$O_p^{(i+1)} = \sum_p^u w_{pq}^{(i)} \cdot v_q^{(i)} \tag{3-48}$$

式（3-48）中输出对权重求偏导数有：

$$\frac{\partial O_p^{(i+1)}}{\partial w_{pq}^{(i)}} = \frac{\partial \sum_p^u w_{pq}^{(i)} \cdot v_q^{(i)}}{\partial w_{pq}^{(i)}} = v_q^{(i)} \tag{3-49}$$

这时式（3-47）中 $\frac{\partial R(\mathbb{W})}{\partial O_p^{(i+1)}}$ 作为神经单元的变化率，可以有：

$$\boldsymbol{\Phi}_p^{i+1} = \frac{\partial R(\mathbb{W})}{\partial O_p^{(i+1)}} \tag{3-50}$$

结合式（3-47）~式（3-49）得：

$$\frac{\partial R(\mathbb{W})}{\partial w_{pq}^{(i)}} = \boldsymbol{\Phi}_p^{i+1} \times v_q^{(i)} \tag{3-51}$$

主要是通过短连接的角度来看，每个神经网络层都可以按照一个相同的模式处理，那就是通过短连接更新本层权重，然后通过短连接向后传播。也就是说，每层做的都是相同的事情，这样有利于削弱梯度逐渐消失的现象，实现更大规模的深层网络形式。

3.2.2 深层短连接网络架构设计

只是通过网络层的简单叠加，很容易遇到深度网络梯度消失现象。这说明当深度网络达到一定规模时，就无法发挥应有的作用，不能盲目地仅通过叠加层数来提高识别效果。因此，网络层的数量只能在有限范围内增加。当网络梯度消失时，显示出浅层网络比深层网络具有更好的训练效果。

通过在网络层内传递学习到的特征，可以在一定程度上克服由于网络架构加深造成的梯度消失现象。从信息论的角度看，数据处理不平等是存在的，且信号特征中包含的数据信息在传播过程中逐层递减。短连接网络结构保证了有效在网络内部层之间高效传递学习到的特征。网络中的后层必须比前层涉及更多的数据信息才能进一步提高识别效果。通过更有效的传递层间学习到的调制分类特征，可以克服深海信道不同时间衰落模型下对信号特征区分的干扰，实现有效的多种调制方式识别。

3.2.2.1 短连接网络结构

短连接网络结构如图 3-7 所示，采用串联的多个短连接模块堆叠的设计形式，从而有效地克服多层结构带来的网络模型梯度消失问题，实现对水声信号分类特征的提取，进而完成多种调制方式的分类识别。

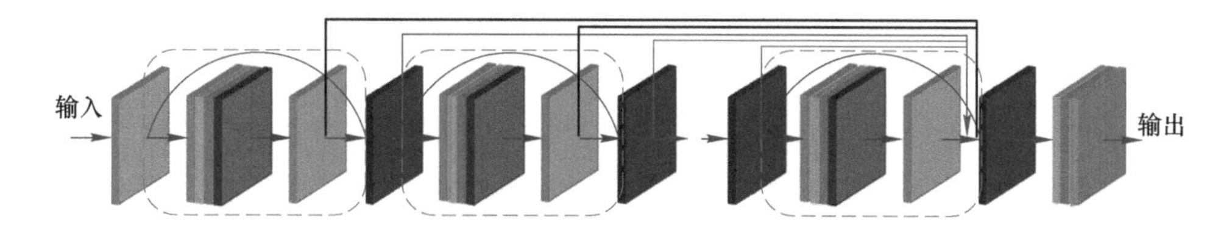

图 3-7 短连接网络结构示意图

扫一扫查看彩图

每个短连接模块（虚线框图）由 Conv1D、ReLU、Lambda 和 SpatianlDropout1D 加上短连接组成。Conv1D 表示一维卷积层，之后都由 Lambda 层来做均值处理，实现对学习到信号数据的平均化。此外，在短连接模块中的每层之后，增加了 SpatianlDropout1D，以增强网络的泛化能力，保障了在深海信道不同时间衰落模型影响下，调制信号数据能够有效在验证数据集上的泛化效果。ReLU 是非线性激活函数。通过 Add 层将短连接模块连接起来，构建成深层网络结构。内部网络只传递短连接模块学习到的值，仅仅只获得了有限的识别效果。为了进一步获取更多学习到的信号区分特征，通过传输更多 Conv1D 层（粗实线）和 Add 层（细实线）获得的信息来进一步提升信号特征提取的能力，克服因为深海信道自身影响和不同时间衰落模型差异造成的信号数据干扰。在最终输出之前，Add、ReLU 和 Lambda 充当一个有效的过滤层，可以统一处理 Conv1D 和 Add 传递的跨层学习值。Dense 层输出最终的识别结果。

短连接网络的结构公式为：

$$\mathcal{S}_M = \sum_{m=1}^{M} [s_m + \mathcal{G}(r_m)] + \bigwedge_{n \in N} \mathcal{Z}_n \tag{3-52}$$

式中，$\mathcal{S}_M$ 表示所采用网络的输出；s_m 表示由短连接模块学习的信号特征，m 表示短连接模块数，$m = 0, 1, 2, \cdots, M$，M 表示短连接模块的总数，当 $m = 0$ 时，r_0 表示输入的原始信号数据，$s_m = w_m \times \beta_{m-1} + b_m$，$w_m$ 表示权重，β_{m-1} 表示来自前层的输入，b_m 表示偏差；$\mathcal{G}(\beta_m)$ 表示已经学习到的短连接模块的信号特征，$\mathcal{G}(r_m) = \beta_m - \beta_{m-1}$；$\bigwedge\limits_{n \in N}(\cdot)$ 表示所用网络内 Conv1D 层或 Add 层的选择方法；$\mathcal{Z}_n$ 表示可选择的短连接方式，$N = \{1, 2, 3\}$ 表示可选的三种方式。对应 Conv1D 层、Add 层、包括 Conv1D 层与 Add 层的三种短连接方式，分别对应于 $n = 1$，$n = 2$，$n = 3$。

3.2.2.2 可变卷积核

为了在深海信道的不同时间衰落模型的信号数据集中获取更多的调制分类表征，需要在内部动态调整所用的卷积核的大小，来获取更多地学习到的分类特征用于最终的识别。短连接网络的卷积层结合了图 3-8 中的一维卷积如图 3-8（a）和可变卷积核如图 3-8（b）所示。各层中的每个方块代表一个神经元，它包含固定的卷积核大小。

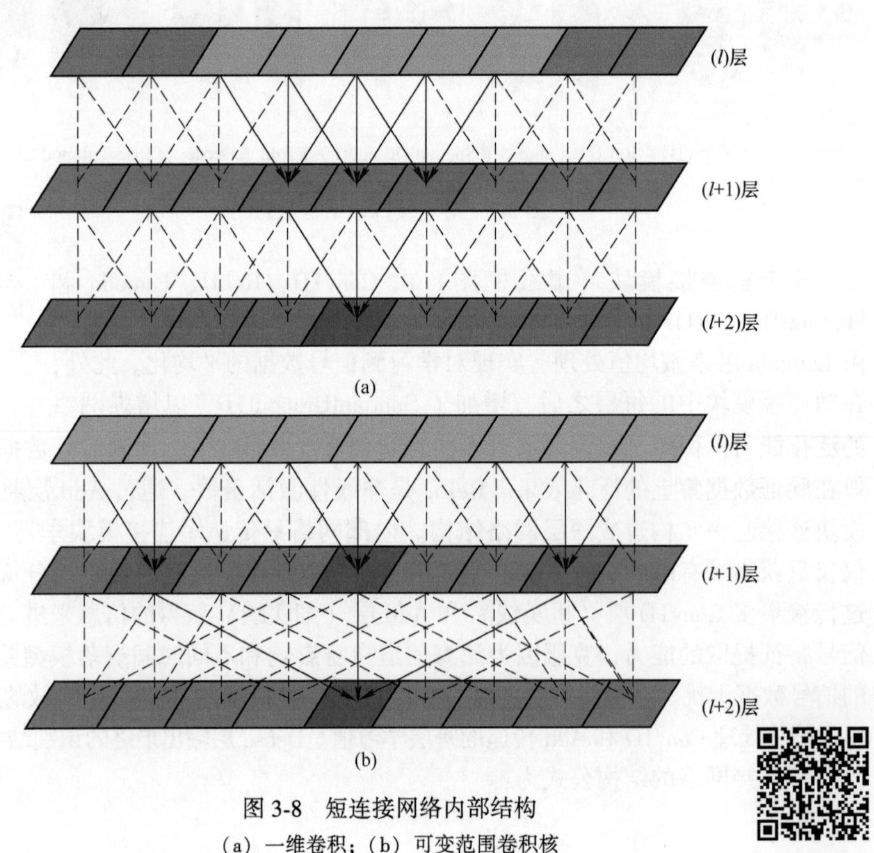

图 3-8 短连接网络内部结构
（a）一维卷积；（b）可变范围卷积核

扫一扫查看彩图

为了更好地描述，暂时忽略了 ReLU、Lambda、SpatianlDropout1D 和 Add 中间层。一维卷积需要较大的卷积核来扩展数据序列的处理能力，以改善短连接网络对深海信道下不同时间衰落模型的信号调制类别识别能力。然而，由于卷积运算的范围更广，这会相应地增加训练复杂度。当对信号调制方式进行分类时，较大的卷积核还将导致获取冗余的局部信号特征，从而导致最终识别效果变差。因此，有必要在不增加冗余信号信息的情况下加大卷积核范围，以覆盖一维卷积中需要的分析信号数据。可变卷积核的最大优势是渐进式扩展处理的数据序列，其不在序列卷积之间插入空白数据，而是跳过一些现有数据。它相当于保持输入不变，并将一些零值的权重添加到卷积核中。在计算量基本不变的情况下，加强了网络观测到的信号序列范围，提升了对深海信道下不同时间衰落模型调制方式的识别效果。

在图 3-8（b）中看到可变卷积核的形式与图 3-8（a）中的一维卷积非常相似。两者最大的区别是可变卷积核随着层数的增加而不断扩张。在一维卷积使用的卷积核窗口中没有空洞，并且卷积运算中涉及的数据紧密地联系在一起。随着层数的增加，可变卷积核中的卷积核窗口将变得越来越大，并且在卷积核窗口中将跳过更多的信号数据。这样可以更好地克服不同时间衰落模型导致的深海信道下信号数据变化，获取必要的调制分类特征。通过可变的卷积核，可以使卷积层的接收数据范围更广，从而可以引入更多的信号数据信息。如图 3-8（b）所示，第二层中的神经元可以看到第一层中的 3 个神经元，输出层的每个神经元可以看到第一层的 9 个神经元。如果输出层需要记住更长的信号长度，则需要在网络层上增加相应的层即可。可变卷积核的优点是与常用的合并操作相比不带来信息损失。随着接收范围的扩大，每一卷积层输出都包含了广泛丰富的信息。当卷积网络结构足够深时，它确保了卷积核覆盖有效范围内的所有输入，从而保障了能够在不同时间衰落模型下获取到必要的深海信道的信号表征，区分出多种调制类别。

一维卷积的可变卷积核公式表达式为：

$$\mathcal{D}^{(l)}(a)=\mathcal{C}^{(l)}\left\{\sum_{e^{(l)}}^{\mathbb{E}^{(l)}} d_{e^{(l)}}^{(l)}(k^{(l)})\times\cdots\times\mathcal{C}^{(1)}\left[\sum_{e^{(1)}=1}^{\mathbb{E}^{(1)}}\left(d_{e^{(1)}}^{(1)}(k^{(1)})\times\mu_{a-(\mathbb{E}^{(1)}-e^{(1)})}\right)\right]\right\} \tag{3-53}$$

式中，$\mathcal{D}^{(l)}(\cdot)$ 表示在 (l) 层中选择的 (l) 层输出的神经元；μ 表示输入序列；a 表示网络层神经元对应的序列号；$\mathcal{C}^{(l)}(\cdot)$ 是网络中 (l) 层的函数，用于选择用于前一层中的序列卷积运算的输入；$e^{(l)}$ 是在 (l) 层中选择的神经元的序列号，$e^{(l)}=1, 2, \cdots, \mathbb{E}^{(l)}$，$\mathbb{E}^{(l)}$ 是相关层的神经元总数；$d_{e^{(l)}}^{(l)}(\cdot)$ 表示第 (l) 层中的一维卷积操作。可变卷积核的每一层中的接收字符是 $k(l)$，$k^{(1)}=1$，$k^{(2)}=3$，$\cdots$，

$k^{(L)}=k$。$k=3^L$，其以指数3的方式逐渐扩展接受神经元的范围。以图3-8（b）为例，k 为1，3，9。假设第一层的9个神经元是 μ_a，μ_{a-1}，μ_{a-2}，μ_{a-3}，μ_{a-4}，μ_{a-5}，μ_{a-6}，μ_{a-7}，μ_{a-8}，第三层的最后输出为 $\mathcal{D}^{(3)}$，第一层和第二层的对应一维卷积运算输出为：

$$\mathcal{D}^{(1)}=(d_1^{(1)}(k^{(1)}),\ d_2^{(1)}(k^{(1)}),\ d_3^{(1)}(k^{(1)}),\ d_4^{(1)}(k^{(1)}),\ d_5^{(1)}(k^{(1)}),\ d_6^{(1)}(k^{(1)}),\ d_7^{(1)}(k^{(1)}),\ d_8^{(1)}(k^{(1)}),\ d_9^{(1)}(k^{(1)})) \tag{3-54}$$

$$\mathcal{D}^{(2)}=(d_1^{(2)}(k^{(2)}),\ d_2^{(2)}(k^{(2)}),\ d_3^{(2)}(k^{(2)})) \tag{3-55}$$

将式（3-54）和式（3-55）代入式（3-53）有：

$$\begin{aligned}\mathcal{D}^{(3)}=d_1^{(3)}(k^{(3)})\times\{&d_1^{(2)}(k^{(2)})\times[d_1^{(1)}(k^{(1)})\cdot\mu_{a-8}+d_2^{(1)}(k^{(1)})\cdot\mu_{a-7}+\\&d_3^{(1)}(k^{(1)})\cdot\mu_{a-6}]+d_2^{(2)}(k^{(2)})\times[d_4^{(1)}(k^{(1)})\cdot\mu_{a-5}+d_5^{(1)}(k^{(1)})\cdot\\&\mu_{a-4}+d_6^{(1)}(k^{(1)})\cdot\mu_{a-3}]+d_3^{(2)}(k^{(2)})\times[d_7^{(1)}(k^{(1)})\cdot\mu_{a-2}+\\&d_8^{(1)}(k^{(1)})\cdot\mu_{a-1}+d_9^{(1)}(k^{(1)})\cdot\mu_a]\}\end{aligned} \tag{3-56}$$

3.3 实验分析

仿真实验具体环境设置参照第2章的介绍，深浅海信道均为多途干扰的形式，后面章节仿真实验参数均有类似设置，不再累述。识别的调制方式主要包括常用于水声通信的数字调制方式 BPSK、QPSK、8PSK、16QAM 以及模拟调制方式 SSB、4FSK、PAM、FM，共8种。

3.3.1 基于异构网络的浅海仿真实验

3.3.1.1 池化方式选择

池化 Pooling 主要包括上述的平均池化（AveragePooling）操作和最大池化（MaxPooling）操作。通过对两种池化方式在不同时间衰落模型下的测试，可以验证具有更好非线性特征的 MaxPooling 具有更好的分类能力。

在图3-9中，两种池化操作之间的性能差异明显。在图3-9（a）瑞利衰落模型中，在-20dB到-10dB的低 SNR 范围，MaxPooling 比 AveragePooling 识别效果平均好5%左右。随着 SNR 的提高，MaxPooling 识别效果明显好于 AveragePooling，高了10%以上。在图3-9（b）莱斯衰落模型中，在-20～-10dB的低 SNR 范围，两种池化方式识别效果近似。当 SNR>-10dB 时，MaxPooling 比 AveragePooling 识别效果平均好约10.7%。所以在网络模型训练时，异构网络选择 MaxPooling 的池化方式。

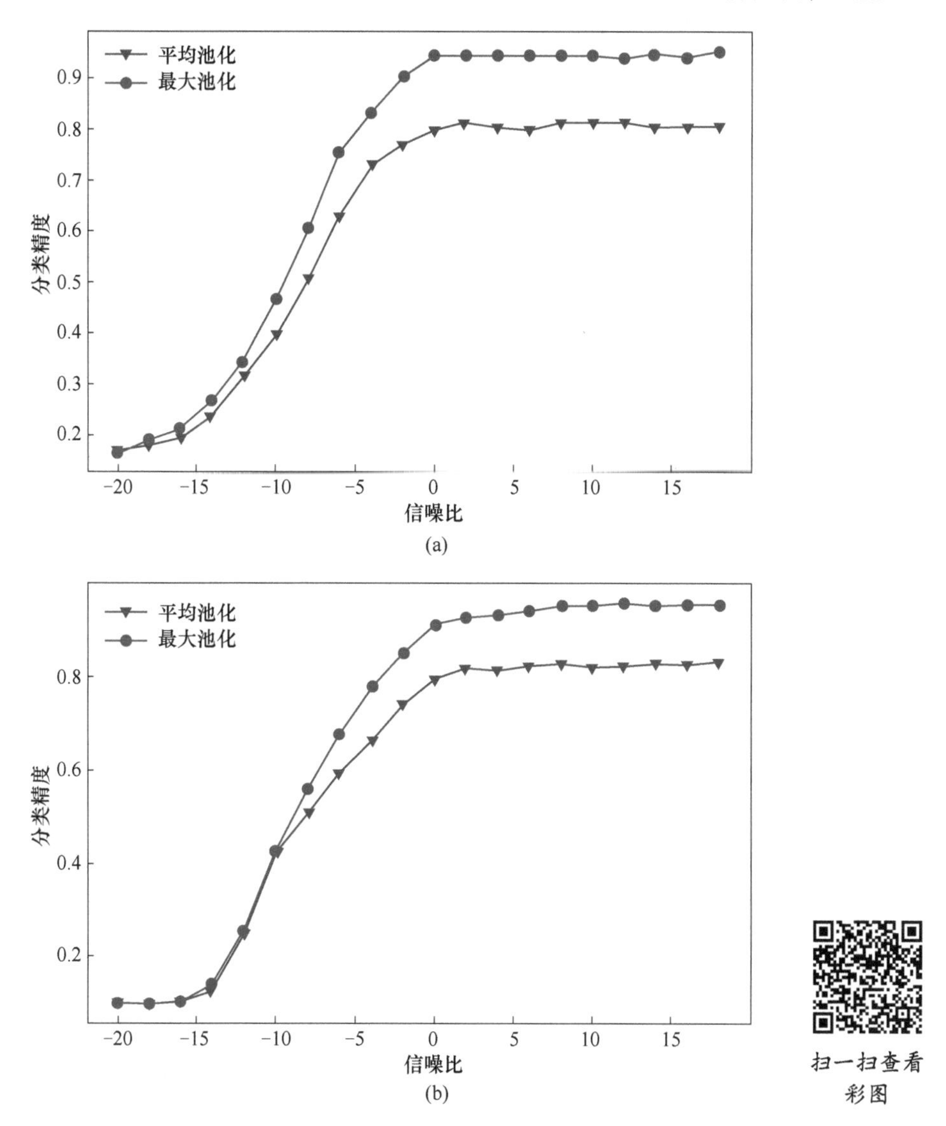

图 3-9 不同时间衰落模型下两种池化操作的异构网络模型识别能力对比

（a）瑞利衰落模型；（b）莱斯衰落模型

3.3.1.2 浅海信道异构网络训练和验证过程分析

为了更有效地观察训练过程，以便更好地评估设计的网络结构和选择参数的合理性，训练过程中只保留验证集上性能最佳的模型结果。图 3-10 中显示了训练损失和误差值（train loss+error）评估参数在训练过程中的表现。

纵轴损耗比（Loss Ratio）表示使用代价函数公式的计算结果。横轴是训练循环次数（Epoch）。train loss+error 表示使用训练数据集进行网络模型训练时，预

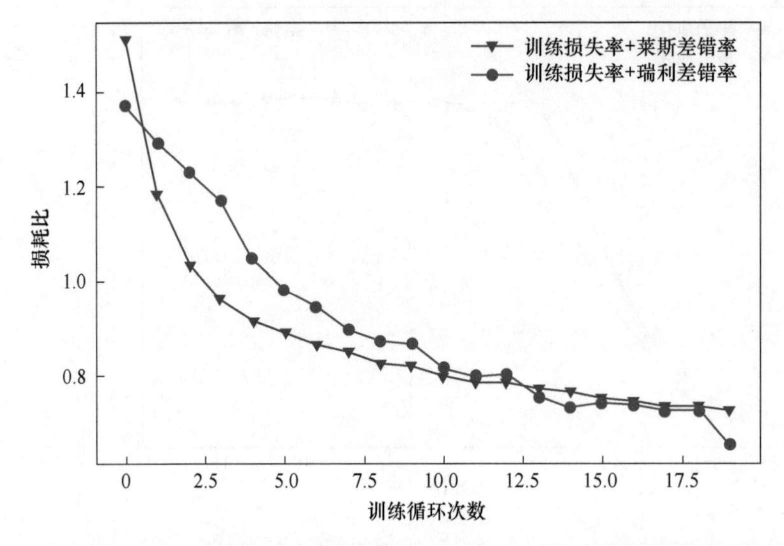

图 3-10 浅海信道下训练参数 train loss+error 在两种衰落模型下的表现

测数据分布与实际数据分布之间的损失值，损失值的评估方式使用第 2 章的损失函数。train loss+error 最终选择最小值并保存相应的权重参数作为最终的网络模型训练结果。Rician 代表莱斯衰落模型，Rayleigh 代表瑞利衰落模型。

训练完成后，保存的这些参数可以用于预测类似数据集的水声通信调制方式。图 3-10 中可以明显地看出在差不多第 17 个 Epoch 时，两种衰落模型下异构网络已开始收敛，损失率最终收敛到约为 0.7 的值处。训练过程中经过较少的 Epoch 就可以达到收敛，说明了本节设计的网络模型结构形式和选择的网络参数在浅海信道两种信道衰落模型下，对通信调制方式识别分类任务中的有效性。

在图 3-11 中，val_loss+error 表示训练好的网络通过验证数据集的验证结果。验证过程相比训练过程有更多波动，振荡下降过程中收敛到 0.7 左右，总体表现和训练结果类似。说明训练好的网络可以在类似的验证数据集上进行有效的各种调制方式的识别，证明了网络结构设计的有效性。

3.3.1.3 浅海信道异构网络与其他网络方法识别对比分析

为了更进一步说明设计的网络模型在浅海信道下对两种衰落信道的适应性，下面对比分析了异构网络模型和不同神经网络方法的识别效果。常用神经网络的对比主要包括了 ANN、MLP、4 层 DNN 和 8 层 DNN 分别对应 DNN4 和 DDN8 以及 CNN，异构网络方法用 DCNN 表示。

在图 3-12 中展示了浅海信道的两种衰落信道模型下不同网络方法的识别效果。当 SNR 在-20～-15dB 低 SNR 范围时，各种神经网络识别效果较低，CNN 和 DCNN 方法略有优势，识别效果都低于 32%。当 SNR 上升到-15～-5dB 范围时，

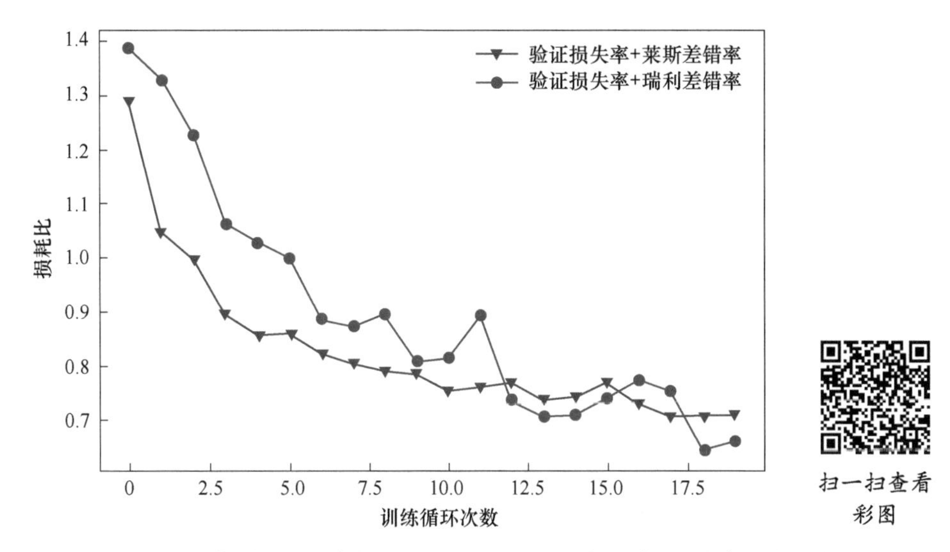

图 3-11 浅海信道下验证参数 val_loss+error（验证损失率+差错率）在两种衰落模型下的表现

CNN 和 DCNN 比其他形式的神经网络识别效果提升明显，具有明显的优势。在图 3-12（a）瑞利衰落模型和图 3-12（b）莱斯衰落模型下，DCNN 比 CNN 分别提升了 6.5%和 5.9%。在 SNR>−5dB 条件下，ANN、MLP、4 层 DNN 和 8 层 DNN 提升有限，在两种衰落模型下识别效果分别比 DCNN 平均低约 49.8%、48.9%，47.2%和 52.3%。在相同 SNR 范围内，DCNN 比 CNN 在瑞利和莱斯衰落模型下识别效果分别好约 7.5%和 2.8%。这说明了本节设计的异构网络架构的识别优势，可以在浅海信道下克服两种时间衰落模型的干扰，实现有效的多种调制方式识别。

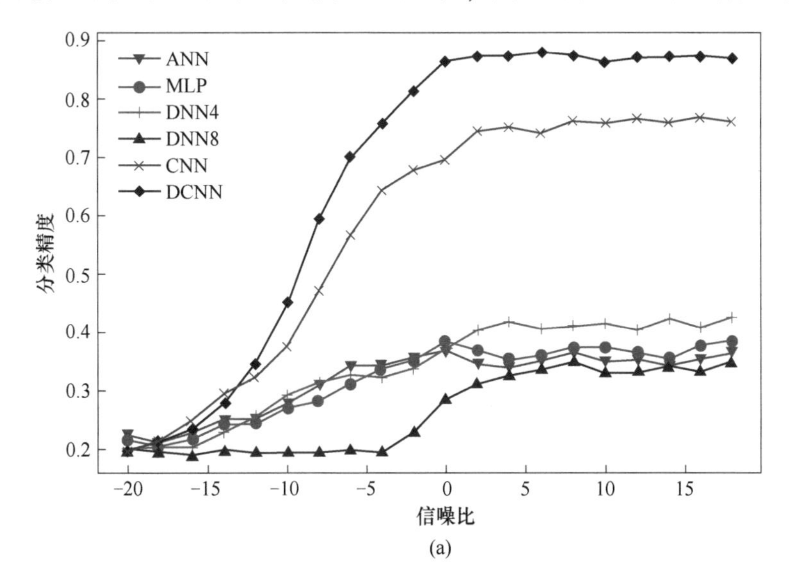

(a)

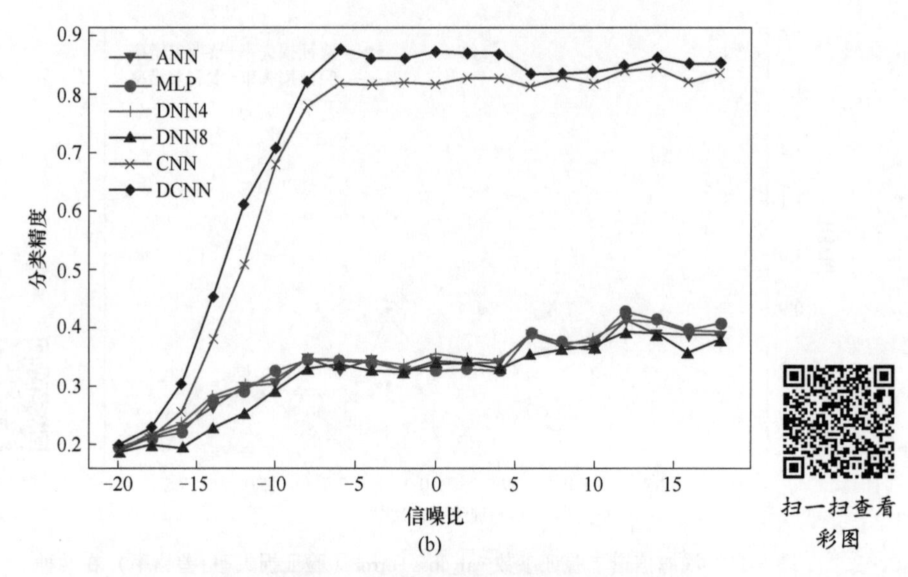

图 3-12 两种衰落模型下不同神经网络方法的识别效果对比

(a) 瑞利衰落模型；(b) 莱斯衰落模型

3.3.2 基于短连接网络的深海仿真实验

3.3.2.1 短连接网络不同层与不同连接方式的分析

在图 3-13 展示了短连接网络在不同层数和跨层连接方式下的识别效果。*M* 表示短连接模块的个数，*n* 表示跨层连接模式。随着 *M* 的增长，Conv1D 在短连接模块中使用的可变卷积核以 3 为基数呈指数增长。在 SNR<−15dB 时，在两种衰落模型下识别结果接近 10%左右。随着 SNR 的增加，识别性能显著提高。在瑞利衰落模型下的−15dB<SNR<0dB 范围内，$M=6(n=3)$ 效果最好。分别比 $M=2(n=1)\sim(n=3)$、$M=4(n=1)\sim(n=3)$ 和 $M=8(n=1)\sim(n=3)$ 高 44.4%、27.2%和 1.5%左右。在莱斯衰落模型下，有近似效果。随着迭代更多的短连接模块，识别效果有了显著提升。这说明更深的网络层结合分层可变卷积核，是提升识别效果的关键，这种方式获得了更高级的信号特征，从而逐步提升了识别效果，克服了不同时间衰落模型对调制识别的干扰。当短连接模块数增加到 $M=8$ 时，在 $(n=1)$、$(n=2)$ 和 $(n=3)$ 三种跨层连接方式之间有相似的识别结果，识别效果没有持续增长。主要是因为短连接网络达到一定层数时，已经充分提取了信号特征，进一步提升网络规模对识别效果影响不大。在 $M=4$ 的瑞利衰落模型条件下，三种跨层连接方式在 SNR≤0 时的识别性能差异不大。SNR ≥ 0 的情况下，$(n=3)$ 平均比 $(n=1)$、$(n=2)$ 分别提高 3.3%、2.9%左右。同时，莱斯衰落模型在此 SNR 范围内，识别表现近似。这说明当从浅层网络中的层传递的

信号特征不多时，只是在一定程度上改善了网络的性能。从-15~5dB 的 SNR 范围内，在瑞利衰落模型和莱斯衰落模型下，短连接网络为 $M=6$ 时，($n=3$) 比 ($n=1$)、($n=2$) 的识别效果分别提高约 9.5%、10.7%和 9.0%、8.5%左右。在 SNR>5dB 时，两种衰落模型下，($n=3$) 识别效果分别优于 ($n=1$)、($n=2$) 约 6.0%、5.8%和 4.2%、4.0%。结果表明，在短连接网络中适当的跨层连接方式，能够从网络层传递更多的信号特征，进一步提高识别效果，克服因为不同时间衰落模型带来的干扰。

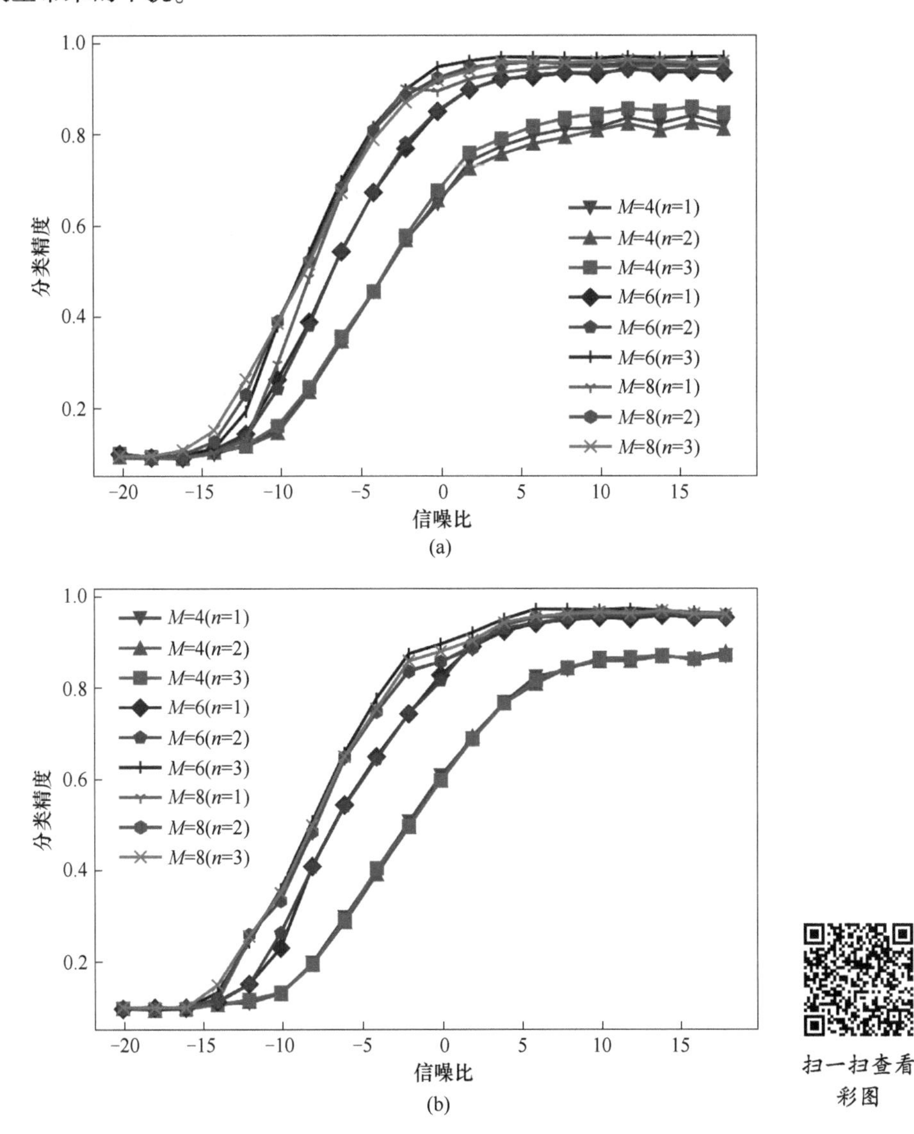

图 3-13 不同衰落模型下短连接网络识别表现

(a) 瑞利衰落模型；(b) 莱斯衰落模型

3.3.2.2 短连接网络模型训练和验证过程分析

为了提高对深海信道下两种衰落模型的短连接网络的设计合理性的评估，在训练时类似浅海信道要观察 train loss+error 和 val_loss+error 参数变化。当在训练过程中该参数未更新时，说明网络模型不能有效学习数据集特征，应该停止模型训练，进行网络模型设计上的调整，从而提高最终的识别效果。

在图 3-14 中，train_loss+error 在两种衰落模型下到 20 个 Epoch 时就明显收敛，说明短连接网络可以充分学习到信号训练集的特征，实现识别各种信号调制方式的任务。在开始阶段，损耗比 Loss Ratio 迅速下降说明短连接网络有较强的信号特征学习能力。随着循环次数 Epoch 的增加，这个过程逐渐平缓，并最终实现了有效学习收敛。整个过程说明了短连接网络在训练过程中，能够提取到信号分类的隐藏特征，并可以克服不同时间衰落模型的影响完成训练。在训练好的网络模型验证过程中，如图 3-15 所示，整个过程有略微波动，幅度不大，这说明训练好的短连接网络可以在验证数据集上进行有效泛化，证明了训练后的短连接网络的可用性，说明训练好的网络可以适应不同时间衰落模型的干扰。

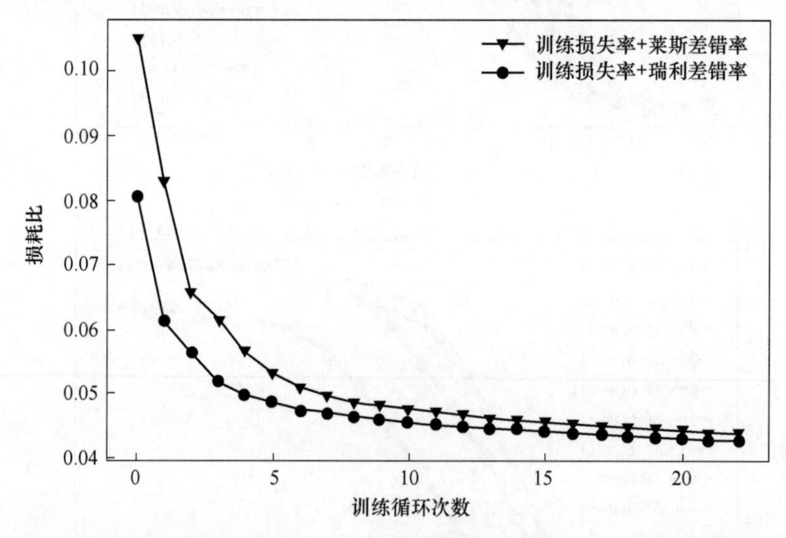

图 3-14 深海信道下训练参数 train loss+error（训练损失率+差错率）在两种衰落模型下的表现

3.3.2.3 短连接网络与不同网络方法的识别效果对比

在图 3-16 中，使用 EfficentNet[113]、SqueezeNet[114]、SENet[115] 和 PnasNet[116] 与短连接网络（1DSNet）进行比较。EfficentNet 是高效网络结构形式，SqueezeNet 是压缩网络结构形式，SENet 是具有更大规模的深层网络结构形式，PnasNet 是大规模随机的不规则网络形式。

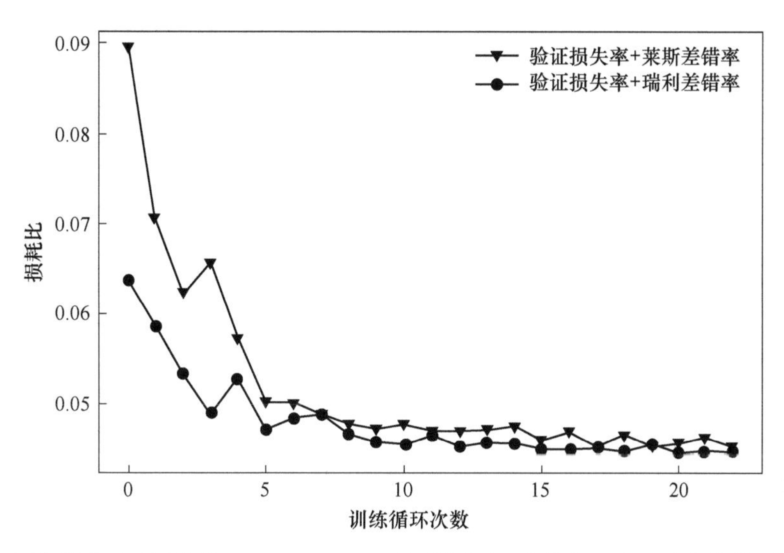

图 3-15 深海信道下验证参数 val_loss+error（验证损失率+差错率）在两种衰落模型下的表现

在-20dB<SNR<-11dB 范围的瑞利衰落模型下，虽然 SENet 的识别效果比 1DSNet 高 2.7%左右，它们的最高识别率都在 25%以下，在低信噪比下都无法正常识别。在莱斯衰落模型下，SNR 在-20～-14dB 范围时，EfficentNet、SqueezeNet、SENet、PnasNet 和 1DSNet 的识别效果基本相同。随着 SNR 的提升，所有网络方法的识别效果持续上升，尤其是在 1DSNet 中效果最为显著。SNR 从-11～0dB 范围的瑞利衰落模型下，1DSNet 在识别率上高于其他网络方法，分别比 EfficentNet、SqueezeNet、SENet 和 PnasNet 平均多 16.7%、17.1%、14.9%和 30.7%。相同 SNR 范围内，莱斯衰落模型下情况类似，1DSNet 分别比其他网络

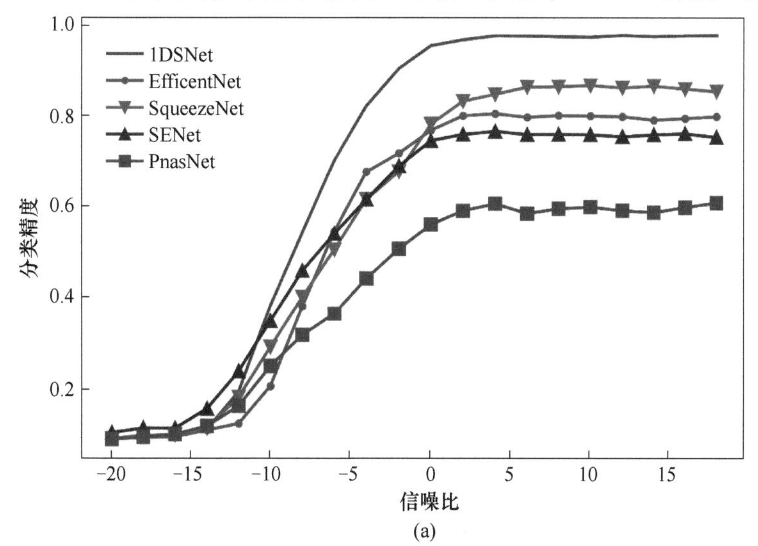

(a)

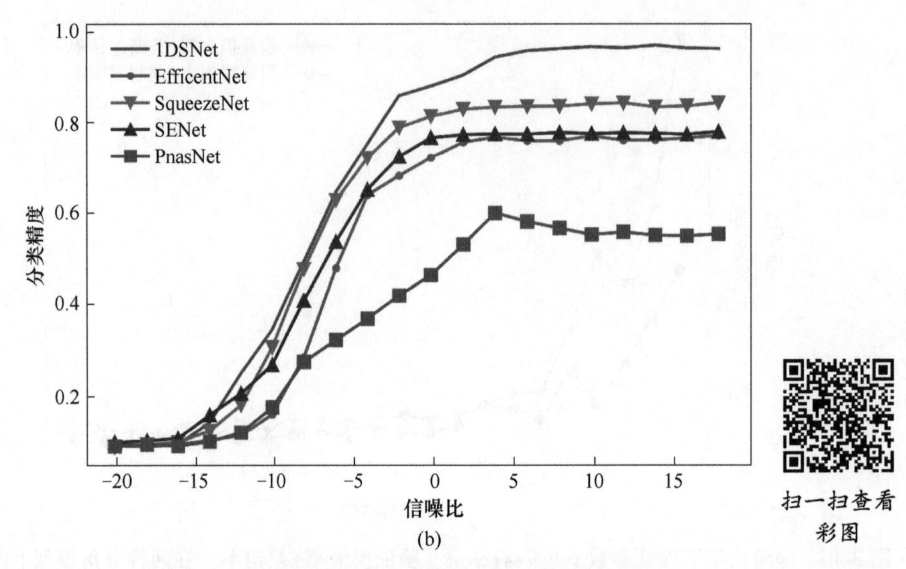

图 3-16 短连接网络与不同网络方法的识别效果对比

（a）瑞利衰落模型；（b）莱斯衰落模型

方法平均提高了约 16.5%、4.0%、10.2%和 32.0%。这是因为 1DSNet 具有网络结构设计的优势，可以获得更多深层的信号区分特性，克服时间衰落模型不同所带来的影响。在 SNR>0dB 后，所有网络在两种衰落模型下的识别效果都进一步提高，1DSNet 的识别性能优于其他 4 种网络方法。在瑞利衰落模型下，EfficentNet、SqueezeNet、SENet 和 PnasNet 的识别效果分别比 1DSNet 大约低 17.4%、11.6%、21.3%和 37.4%；在莱斯衰落模型下，他们分别平均比 1DSNet 低 18.7%、11.5%、17.5%和 38.7%。在 SNR 较高范围时，对比 4 种网络方法识别能力均不如 1DSNet，说明了短连接网络结构可以克服深海信道下两种时间衰落模型的影响，实现有效的多种调制方式的识别。

3.4 本章小结

本章通过异构和短连接网络结构，研究了在不同时间衰落模型下深浅海信道的信号调制类型识别能力。首先，对浅海信道设计的异构深度学习网络结构形式进行了分析，为了满足在不同时间衰落模型下的信号分类识别要求，提高网络获取信号数据高级特征的能力，采用 MaxPooling 池化方式使异构网络具有更好的非线性，使用合理的非线性激活函数 LeakyReLU，使网络模型的表征能力获得了明显改善。然后，为了适应深海水声信道因为不同时间衰落模型带来的影响，对应设计了短连接网络结构形式。采用了网络结构内短连接结合可变卷积核的方式传递学习到的信号特征，并通过多种跨层的连接方式，进一步提高网络架构内部学习到的参数传输效率。实现了获取信号深层数据分类表征的能力，取得了良好识别效果。最后通过仿真实验的方式验证了这两种网络结构形式设计的合理性。

4 基于深度分支和稀疏多路网络结构的变化长度信号调制识别

本章主要采用深度分支和稀疏多路网络的结构形式，在深浅海信道下针对变化长度的信号进行调制方式的识别。通常的深度学习网络都输入固定长度的数据，难以适应水声通信过程中变化长度信号的常见传输方式。通过本章所设计的深度网络结构形式可以有效地解决这个问题。分支网络形式在结构宽度上进行了扩展，采用通道聚合的方式来实现因为分支化导致的不同长度信号特征归纳问题，能够适应在浅海环境下长度变化的水声信号数据。稀疏多路网络可以使网络结构稀疏化，形成多路由的方式来丰富不同长度信号特征提取形式，从而可以在深海信道下实现对变化长度水声信号的调制类型区分。

本章内容简述如下：4.1 节介绍了典型的分支网络结构形式，通过公式推导说明了该结构中使用的关键技术批量标准化，引入了全局平均池化替换全连接层，阐述了分支网络结构对浅海变化长度的调制信号数据能进行有效识别的原因。采用分支宽网络结构形式，网络的结构不但在纵向上进行了加深，并且在水平方向上也进行了扩展。这种方式可以提取更丰富的信号特征，非常适合于浅海通信中多种调制方式的信号调制数据集分类。通过在每个流中叠加多层小卷积单元，可以进一步提高分支网络方法的识别性能。与其他常见的深层网络结构相比，分类性能显著提高。4.2 节为了适应深海通信过程中变化长度信号数据集带来的问题，引入了稀疏多路网络结构方式。将多种网络单元进行叠加后，使网络结构可以生成多种路由模式，提高了提取信号调制分类特征的性能。网络结构组成单元由多种形式的路径组成。当主路径保持不变时，其他路径采用三种可选方式，通过交换不同路径之间学习到的高级信号调制特征，丰富了提取到的信号识别表征类别，进一步提高了所用网络形式的分类能力。4.3 节分别在深浅海水声信道中，对这两种网络形式的有效性进行了仿真实验验证。4.4 节为本章小结。

4.1 基于浅海的分支网络结构

4.1.1 样本批量标准化

深层网络结构形式在做激活输入的非线性变换时，在训练的过程中网络模型学习数据集的概率分布会逐渐发生偏移，从而导致训练收敛变慢或者无法有效收敛，最终致使网络模型训练失败。在浅海信道变长信号数据集中，整体分布概率会向网络模型中所使用的非线性函数取值区间范围的两端靠近。从而使得反向传播时，在前几层的神经网络学习信号数据的能力受到限制，这是导致训练深层网络收敛速度变得越来越慢，甚至无法收敛的主要原因。通常的解决方式是通过在网络结构的前几层添加批量标准化（Batch Normalization，BN）层的方式来缓解[117,118]，这种方式可以在训练过程中加快收敛速度并可以使网络模型能够收敛到有效值。

BN 就是通过对输入样本规范化的方式，把每层深度学习网络中任意神经元得到的输出值分布，规范到标准正态分布上。也就是把训练过程越来越偏的数据分布，强制回归到比较标准的分布上。这样可以使得通过激活函数的输出值落在非线性函数合理的区域内，使不同长度输入的信号数据变化通过损失函数计算，最终产生更能更真实反映数据本质的区分特征，从而适应浅海信道下不同长度信号输入数据带来的影响。

传统的神经网络仅在将样本输入到输入层之前对输入样本进行标准化 BN 处理。这里为了应对浅海信道下变长信号的问题，需要 BN 不仅标准化输入层的输入数据，还要规范每个隐藏层的输入数据。

4.1.1.1 输入层标准化处理

因为标准化 *BN* 在输入层对数据的处理，可以使得梯度在整个训练过程中一直都能保持较大值的形式，所以这对深度学习网络的参数调整更加容易。BN 的转换式如下：

$$\phi = \frac{1}{N}\sum_{n=1}^{N} s_i \tag{4-1}$$

$$\varrho^2 = \frac{1}{N}\sum_{n=1}^{N} (s_i - \phi)^2 \tag{4-2}$$

式中，ϕ 为样本集 $\mathbb{S} = [s_1, s_2, \cdots, s_n]$ 的期望；ϱ^2 为方差；N 为样本的总数。所谓的标准化就是将样本集做如下处理：

$$\hat{s}_i = \frac{s_i - \phi}{\sqrt{\varrho^2 + \tau}} \tag{4-3}$$

式中，$\hat{s}_i$ 为样本 s_i 标准化的结果；τ 是为了防止分母为零时，导致数值计算的不稳定而添加的一个很小的数，一般量级在10^{-6}。

4.1.1.2 隐藏层标准化处理

通过隐藏层中标准化 *BN* 处理，可以保证标准化后的参数变大时，对应在训练过程中总体参数的变化也增大，保证了深度网络能够适应浅海信道中信号长度的变化。同时，这种方式也可以使趋向网络模型最优值也就变得更快，训练的收敛速度显著上升。

通过公式描述如下，当向后传播时，穿过层的梯度乘以层的参数：

$$\zeta_{\lambda} = \omega_{\lambda}\zeta_{\lambda-1} \tag{4-4}$$

式中，ζ_{λ} 和 $\zeta_{\lambda-1}$ 分别为 λ 和 $\lambda-1$ 层的参数，ω_{λ} 为第 λ 层的权重。反向传播可以表示为：

$$\frac{\partial L}{\partial \zeta_{\lambda-1}} = \frac{\partial L}{\partial \zeta_{\lambda}} \cdot \frac{\partial \zeta_{\lambda}}{\partial \zeta_{\lambda-1}} = \frac{\partial L}{\partial \zeta_{\lambda}} \tag{4-5}$$

这里假设 $\frac{\partial L}{\partial \zeta_{\lambda-1}}$ 是已知的，代表了反向传播的求导值。考虑从 λ 层传递到 ρ 层的情况：

$$\frac{\partial L}{\partial \zeta_{\rho}} = \frac{\partial L}{\partial \zeta_{\lambda}} \prod_{\iota=\rho+1}^{\lambda} \omega_{\iota} \tag{4-6}$$

式（4-6）中的 $\prod_{\iota=\rho+1}^{\lambda} \omega_{\iota}$ 为神经网络训练中遇到的数据分布偏移问题。因为网络层非常深，浅海信道中不同长度的信号数据会导致 ω_{ι} 大多小于1，那么当在此处传递时，对应传递过来的值过小，会使网络无法获取到有效的信号数据区分特征。*BN* 所做的是解决深层网络层中这种问题，因为 *BN* 可以消除了权重 ω 的尺度效应，经过标准化处理的形式如下：

$$\zeta_{\lambda} = BN(\omega_{\lambda}\zeta_{\lambda-1}) = \gamma\hat{\omega}_{\lambda}\zeta_{\lambda-1} \tag{4-7}$$

式中，$BN(\cdot)$ 为批量标准化操作；γ 为对应 $BN(\cdot)$ 的处理系数；$\hat{\omega}_{\lambda}$ 为经过 $BN(\cdot)$ 处理后的 ω_{λ} 参数。然后反向导数变为：

$$\frac{\partial L}{\partial \zeta_{\lambda-1}} = \frac{\partial L}{\partial \zeta_{\lambda}} \cdot \frac{\partial BN(\omega_{\lambda}\zeta_{\lambda-1})}{\partial \zeta_{\lambda-1}} = \frac{\partial L}{\partial \zeta_{\lambda}} \cdot \frac{\partial \gamma\hat{\omega}_{\lambda}\zeta_{\lambda-1}}{\partial \zeta_{\lambda-1}} \tag{4-8}$$

可以看出，以此为基础反向传播的次数乘以标准化的权重不再与 ω 的尺度相关，这意味着虽然在更新过程中改变了 ω 的值，反向传播的梯度不受影响，表示为：

$$\frac{\partial L}{\partial \zeta_{\rho}} = \frac{\partial L}{\partial \zeta_{\lambda}} \cdot \prod_{\iota=\rho+1}^{\lambda} \gamma\hat{\omega}_{\iota} \tag{4-9}$$

也就是说，较大比例的 γ 将导致较大的梯度，在相同的学习速率下获得的更新较少，这使得对应整体 ω 更新更加稳健。综上所述，*BN* 解决了反向传播过程中学习到的数据分布问题，使得不同尺度的权重整体更新步骤更加一致，可以适应浅海信道下不同信号长度带来的网络训练影响。

4.1.2 映射向量全局平均池化

在大规模的深度神经网络出现之前，大多数基于神经网络的机器学习算法在卷积层之后添加全连接层用于特征向量化。此外，考虑到神经网络的黑匣子操作方式，添加几层全连接的网络可以提高 CNN 的分类性能，这种方式曾经成为神经网络设计使用的标准形式。然而，全连接层有个非常致命的弱点是过多的参数量，尤其是连接到最后一个卷积层的全连接层给整个网络模型带来了巨大的参数负担。一方面，增加了训练和测试的计算代价，并且降低了训练速度。另一方面，如果参数量太大，则更容易发生训练难以收敛的问题。同时，也无法适应变化长度的水声信号数据。为了替代全连接层，必须从网络结构设计方式上进行考虑，本节采用替换全连接层的方法是全局平均池化（Global Average Pooling, GAP），通过这种方式来更好地处理浅海信道下不同长度信号数据带来的网络输入问题。

常见的 CNN 分类网络标准结构中，通常都包含了带有激活函数的全连接层来完成最终的识别判断。假设激活函数是一个多类 Softmax 函数，则完全连通网络的输出是将最后一层卷积的特征映射拉伸为一个向量，乘以该向量，最后减小其维数，把它输入 Softmax 层以获得每个类别的相应判断值，如图 4-1（a）所示。GAP 的想法是将这两个过程合并为一个过程一起完成，如图 4-1（b）所示，这样就可以实现在网络结构设计上减少网络模型参数规模的效果，能够更好地适应在浅海信道下的信号长度变化带来的网络输入问题。

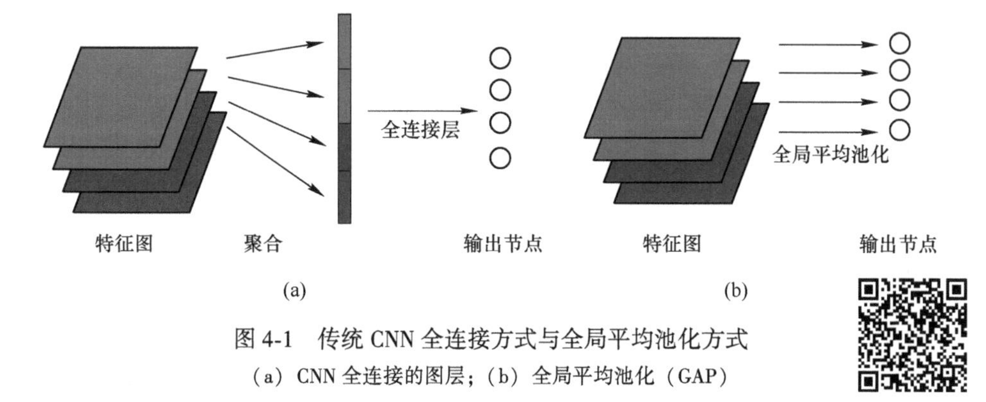

图 4-1 传统 CNN 全连接方式与全局平均池化方式
（a）CNN 全连接的图层；（b）全局平均池化（GAP）

扫一扫查看彩图

4.1.3 分支网络结构模型

在典型的深度学习网络结构中，卷积操作通常用于提取分析对象的特征。一般卷积层仅相当于线性操作，因此它只能提取线性的数据特征。但在网络模型输入变化长度的信号时，仅仅提取信号数据的线性特征难以获取必要的调制分类信息。在网络中的网络（Network in Network，NiNet）中，在卷积层之后添加了多层隐藏层（Multiple Hidden Layers，MHL）[119]，它使每层的卷积运算能够提取数据集的非线性特征。这种方式更能适应输入网络模型中信号长度变化带来的影响，实现有效的多种调制类型分类。线性卷积层和添加 MHL 层的比较如图 4-2 所示。

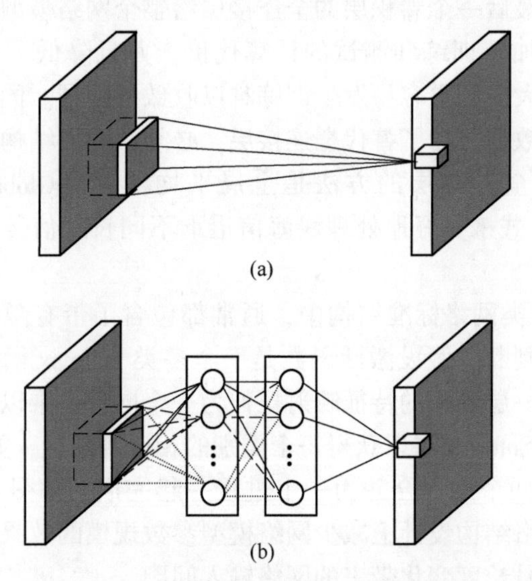

图 4-2 线性卷积层和 MHL 层的对比

（a）线性卷积层；（b）单通道 MHL 层

MHL 是一种前向结构的人工神经网络，它将一组输入向量映射到一组输出向量[120]。MHL 可以被认为是由多个节点层组成的有向图，每个节点层连接到下一层。除输入节点外，每个节点都是具有非线性激活功能的神经元。使用反向传播算法来监督学习过程。MHL 的结构如图 4-3 所示。

MHL 可以表示为：

$$\boldsymbol{f}: R_{\mathrm{input}}^{D} \rightarrow R_{\mathrm{output}}^{K} \tag{4-10}$$

式中，D 为输入向量 $\boldsymbol{x}$ 的大小；K 为输出向量 $\boldsymbol{f}(\boldsymbol{x})$ 的大小；R_{input}^{D} 为输入层的空间范围；R_{output}^{K} 为输出层的空间范围。

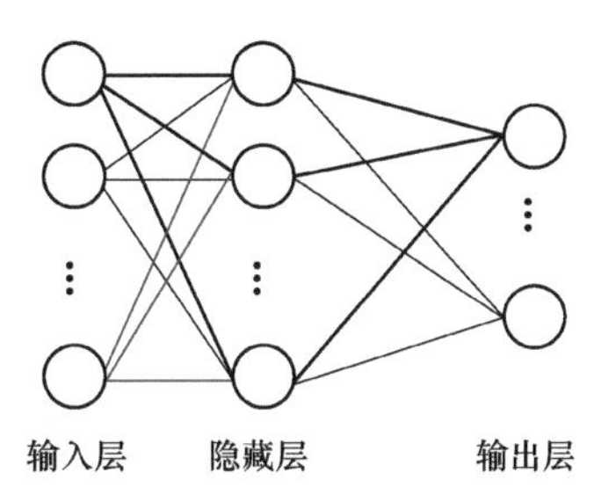

图 4-3 MHL 结构

第 1 隐藏层表示为：

$$\boldsymbol{h}(\boldsymbol{x}) = G(\boldsymbol{W}^{(1)}\boldsymbol{x} + \boldsymbol{b}^{(1)}) \tag{4-11}$$

式中，$\boldsymbol{W}^{(1)}$ 为连接输入矢量和隐藏层的权重矩阵，$\boldsymbol{W}^{(1)} = \sum_{i=1}^{I} w_i^{(1)}$，$i$ 为神经元输入层的序列号，I 为输入层中的神经元数量；$\boldsymbol{b}^{(1)}$ 为偏差矢量，$\boldsymbol{b}^{(1)} = \sum_{i=1}^{I} b_i^{(1)}$；$G(\cdot)$ 为激活函数，$\boldsymbol{h}(\cdot)$ 为第一隐藏层的输出。

输出表示为：

$$\boldsymbol{f}(\boldsymbol{x}) = G(\boldsymbol{W}^{(2)}(G(\boldsymbol{W}^{(1)}\boldsymbol{x} + \boldsymbol{b}^{(1)}))) + \boldsymbol{b}^{(2)}) \tag{4-12}$$

式中，$\boldsymbol{W}^{(2)}$ 为连接隐藏层和输出层的权重矩阵 $\boldsymbol{W}^{(2)} = \sum_{j=1}^{J} w_j^{(2)}$，$j$ 为该层神经元输出的序列号，J 为输出层中的神经元数量；$\boldsymbol{b}^{(2)}$ 为偏差矢量 $\boldsymbol{b}^{(2)} = \sum_{j=1}^{J} b_j^{(2)}$。

该网络模型结构的主要思想是如何使用密集组件来近似最优局部分支结构。在深度学习网络结构设计开始时，使用不同大小的卷积核意味着对应不同大小的数据范围，最终进行拼接时意味着不同尺度特征的整合。在浅海信道下，可以由这种方式来更好地应对输入网络中的信号数据长度变化的问题。在设置卷积步长（stride）为 1 之后，可以在卷积之后获得相同维度的特征，然后可以将特征直接拼接在一起使用，从而处理因为信号长度不同导致的获取数据维度变化的问题。对应网络架构如图 4-4 所示。

在分支网络方法中，首先执行一般的卷积运算，采用 1×1 卷积核。分支网络执行几个 1×1 卷积运算，这相当于在不增加模型参数量的基础之上对所有信号特征执行全连接计算。该结构只是同一尺度上的多层卷积，中间不需要添加池化层。分支网络在前几层中通过 1×1 卷积核，并通过最大池化汇聚层以更好地优化要提取的信号特征。Conv 代表二维卷积运算，其中 1×1、2×2 和 3×3 代表卷积核的大小。BatchNorm 代表批量标准化操作 BN，MaxPooling 表示最大池化操作，AveragePooling 表示平均池化操作，GlobalAveragePooling 表示全局平均池化操作。

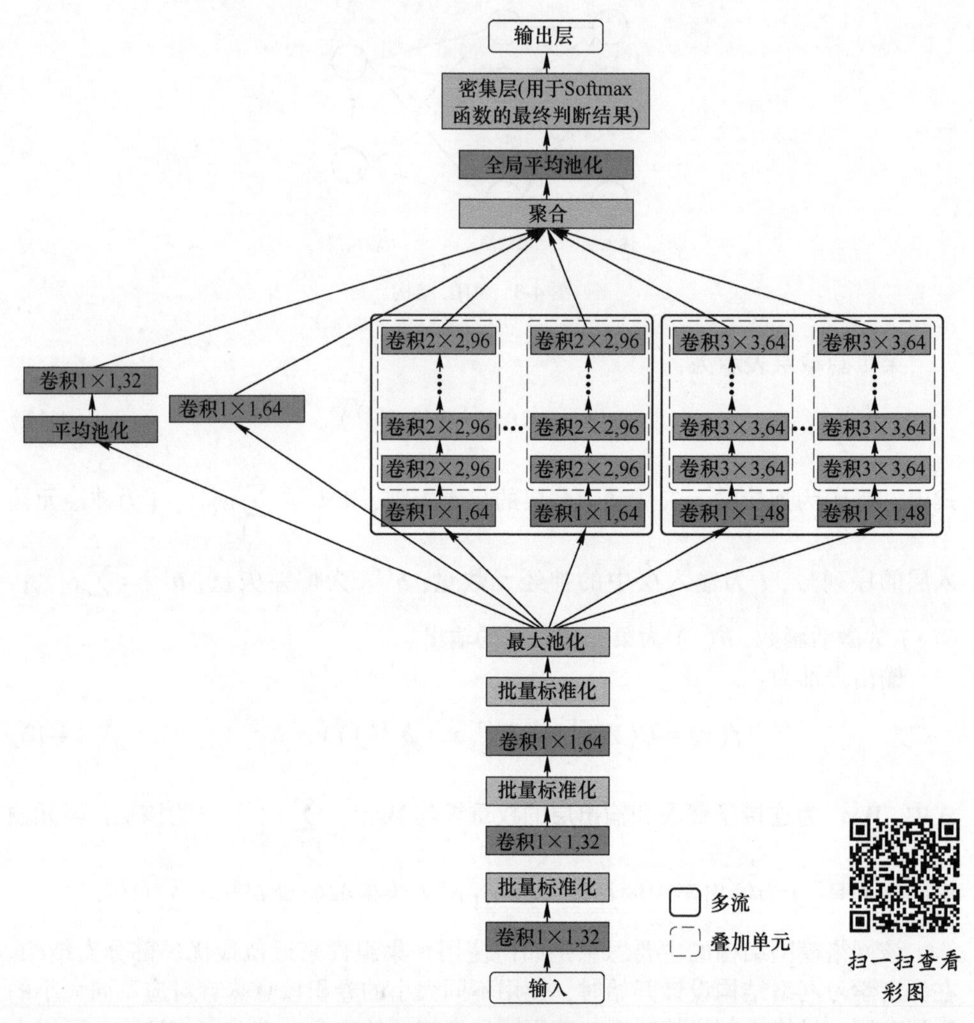

图 4-4 分支网络结构

Concatenation 表示多个卷积结果的集合，Dense 表示使用 Softmax 函数的最终判断结果输出。卷积核之后的数字表示感知数据域的大小。输入层后面的三个 1×1 卷积核的感知数据域分别为 32、32 和 64。对应于最左边包含 AveragePooling 的支流相对应的感知数据域是 32，仅包含 1×1 卷积核分支网络流的感知数据域是 64。在包含 2×2 卷积核的支流中，2×2 卷积核的感知数据域分别对应于 64，96。包含 3×3 卷积核的支流中感知数据域分别对应于 48，64。二维码彩图中两个橘黄色实线方框中的网络结构表明多层卷积中包含多个流（Multi-stream）。二维码彩图中橘黄色实线框中的蓝色虚线框表示一个卷积堆栈结构（Superposition Unit），在每层卷积中包含多个 2×2 或 3×3 卷积核的单元。

在分支宽网络形式中，在相同的感知数据域内，分支宽网络可以通过不同形式的卷积核提取信号的各种特征，从而获得更强的非线性表示，来应对因为输入网络的不同长度信号数据导致的变化。这种方式丰富了提取到的信号调制分类特征，也意味着最终的分类结果更准确。在网络结构中，由这四种形式的分支卷积层组成，可以表达如下：

$$\zeta = \sum_{x=1}^{X} x\eta + \sum_{y=1}^{Y} y\mu + \varrho \tag{4-13}$$

式中，ζ 为分支卷积输出；η 为由 1×1 和 2×2 卷积核组成的卷积流；x 为该流的数量，$x = 1, 2, \cdots, X$，X 为对应该流的最大流数；μ 为由 1×1 和 3×3 卷积核组成的卷积流；y 为该流的数量，$y = 1, 2, \cdots, Y$，Y 为对应该流的最大流数；ϱ 包括两种流。一种是包括 1×1 卷积核的支流，另一种是包括 1×1 卷积核和 AveragePooling 的支流。网络结构相当于特征维度上的分化连接，并且在多个维度上进行卷积后再聚集，以收集具有强相关性的信号特征，从而使网络可以处理浅海环境下长度变化的信号数据。每个尺寸的卷积仅输出多种信号长度特征的一部分，从而提高网络的分类性能。

所涉及的叠加卷积单元中，当卷积层具有大量输入特征时，直接对输入执行卷积运算将产生巨大的计算量。如果首先在输入维度上减少，在减少特征数量之后，能够大大节省了计算复杂度。这就是为什么在分支卷积层中使用 1×1 卷积核。只要最终输出中的特征数量不变，中间尺寸的减小相当于压缩效应，并且不影响最终的训练结果。为了进一步改进高级分类表示，几个 2×2 或 3×3 卷积核串联连接，从而可以组合更多的非线性特征，使得网络具有较好的非线性拟合能力。输出可以表示为：

$$o_c = \left\lfloor \frac{z_c - e}{k} + 1 \right\rfloor^2 \tag{4-14}$$

式中，o_c 为当前 c 层的输出数据大小；z_c 为当前 c 层的输入数据大小；e 为卷积核的大小，其中 e 分别取 1、2 或 3，对应于 1×1 、2 × 2、3×3 卷积核；k 为步长；$\lfloor \cdot \rfloor$ 为向下舍入的符号。通过多层卷积处理，可以组合更丰富的非线性特征来更好地拟合原始信号数据的分布，应对因为信号长度变化导致的网络输入适应问题，提高信号调制的分类效果。

本节设计的网络模型最终使用 GlobalAveragePooling 而不是多个全连接层的方式进行输出。最后添加了一个完全连接的 Dense 层，主要是为了方便微调。实验表明，使用这种结构设计方式后可以扩大整个网络结构的宽度和深度，有效应对浅海信道下变化长度的信号数据输入干扰，从而带来更高的分类识别性能。

4.2 基于深海的稀疏多路网络模型

4.2.1 稀疏网络结构形式

在深度学习网络的多层结构形式中，结构中的每一层都起到一个分类器的作用。目前的研究还很难找到一个确切的概念来解释每一层分类器的确切含义及其物理意义。事实上，每层中的各种神经元都客观地实现了分类器的功能。它对前一层中的特征向量输入进行采样，并将它们映射到新的向量空间中进行进一步学习。

深度学习网络的一种思路是主要采用大量堆叠网络层数来实现高识别率。另一种思路是通过网络稀疏化设计的方式。稀疏化网络结构通过在网络内部添加连接来实现，这种连接方式借鉴了公路网络结构（Highway Network，HN）的思想，但对它进行了改进。在 HN 中连接是经过加权的，但稀疏化网络使用的内部连接形式由相等的权重替换加权。通过采用这种连接的方式，来解决深度学习网络随着深度增加而精度降低的问题。事实上，单纯使用内部连接方式（仅重复参数化的实现）的模型对比其他网络模型结构形式并没有直接的优势。然而，内部连接方式允许所有模型逐层深入地表征数据集特征，使前向/后向传播算法过程变得非常平滑。这种内部连接结构打破了传统神经网络的前层输出只能用作后层输入的惯例。将一个层的输出直接跨越多个层，作为后一层的输入。其重要意义在于解决了叠加多层网络时，网络模型训练时难以优化的问题，并使整个学习模型的错误率不降反升。此时，神经网络的层数可以超过先前的约束，达到数十层、百层甚至更多层，使网络模型进一步提取数据集高级隐含特征成为可能。这样网络就可以学习到受深海信道严重干扰的水声通信信号调制数据中更深层的数据表征，能够应对信号长度变化输入的影响，为高效调制方式识别提供了高维特征分类信息支持。

稀疏网络结构如图 4-5 所示。内部连接相当于一个接一个地缩短深度网络结构，如图 4-5（a）所示，对应这些缩短的网络组成方式形成的新拓扑如图 4-5（b）所示。

内部连接网络结构形式不直接处理深度模型学习过程中存在的归纳问题。说明这种网络结构是一种很好的归纳手段，可以在一个不断变化的方向上提高网络模型学习率。同时，这种直接的网络内部学习参数传递方式更有利于处理深海信道下输入信号长度变化导致的网络难以适应的问题。

但是网络结构稀疏化会导致网络模型对数据集的参数特定化，在变化长度水声信号调制识别上这种情况更为明显。也就是在训练好的网络模型泛化到类似变化长度水声信号数据集上使用时，需要调整某些网络超参数，这导致稀疏化

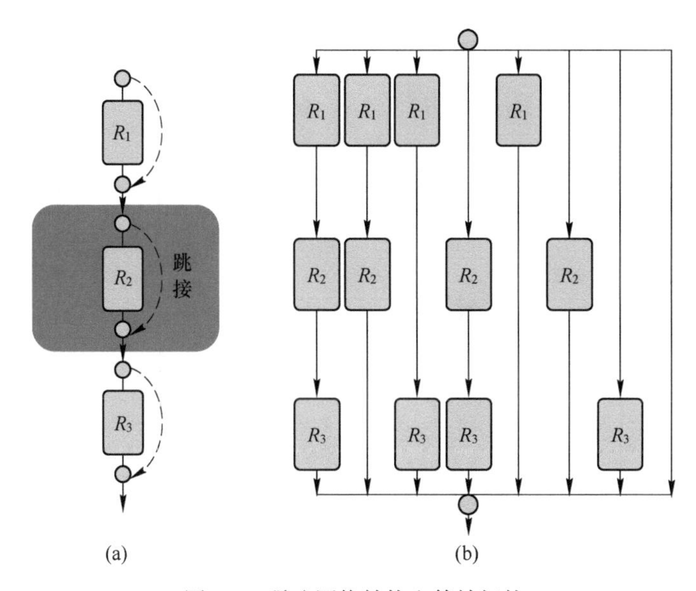

图 4-5 稀疏网络结构和等效拓扑
（a）稀疏网络基本结构；（b）缩短的网络结构等效拓扑

网络结构形式的可扩展性一般，阻碍了稀疏化网络在实际水声信号识别方面的应用。

4.2.2 稀疏多路网络结构

通过上述分析，本节提出了一种介于深度卷积网络结构形式和稀疏网络结构形式的平衡策略结构方式：稀疏多路网络结构。通过增加分组的数量和网络内部学习特征的交互来达到两种策略的平衡。稀疏化多路网络结构的思想源自稀疏化网络，不同于稀疏化网络的需要人工设计每个分支，本节设计的每个分支的拓扑结构是相同的。最后再叠加多个此类网络单元结构方式，得到最终的网络形式。

稀疏多路网络结构如图 4-6 所示。该网络形式可以达到提取多种信号特征的效果，这样可以在深海信道中提取到不同长度信号足够的调制分类特征。

稀疏多路网络结构主要组成：输入层 Input 后采用二维卷积（Conv_1）和 MaxPooling 层对信号数据进行预处理，它们的卷积核是 3×3。通过叠加多路由单元（二维码彩图中红色实心线框）来作为基本单元构建整体网络结构。在每个单元开始时，网络输入被分成不同的路径。主路径 l_0 由 7 个基本层组成，包括具有 1×1 的卷积核的群卷积（GConv）层，批量归一化（BN）层，ReLU 非线性激活函数层。深度卷积（DepthConv_1）层，对应卷积核为 2×2；以及二维卷积（Conv_2），对应卷积核为 1×1。辅助路径上可以选择的三种形式分别对应于 l_1、

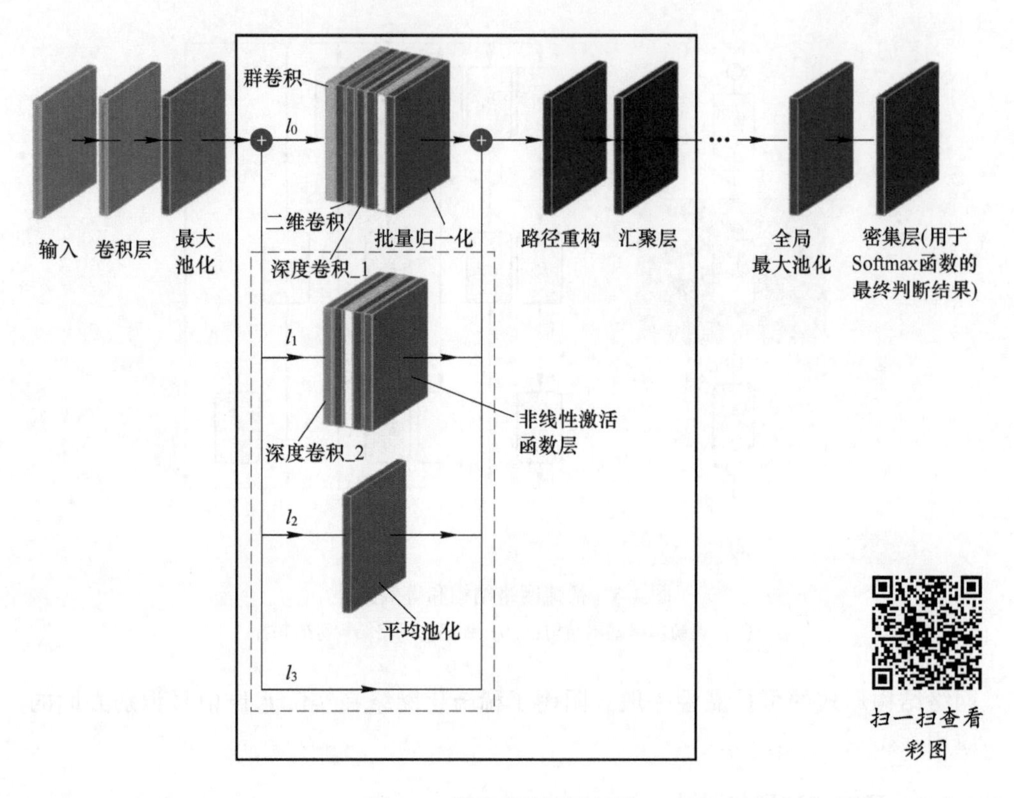

图 4-6 稀疏多路网络结构

l_2、l_3（二维码彩图中红色虚线框）。辅助路径 l_1 由五个基本层组成，包括具有 3×3 卷积核的 DepthConv_2，两个 BN，Conv_2 和 ReLU。辅助路径 l_2 包括平均池化（AveragePooling）层，辅助路径 l_3 是直接连接的链路。路径重构（TrackRestr）是不同路径之间的特征交换操作，汇聚层（Concat）将来自不同分支的提取数据进行拼接，以便在下一个网络单元中继续学习。该结构是通过多路由单元的叠加来实现的。相应的公式如下：

$$\mathbb{L} = \sum_{a=1}^{\mathcal{A}} \left[l_0 + \sum_{d=1}^{\mathcal{D}} \vartheta_a(l_d) \right] \tag{4-15}$$

式中，a 为叠加单位，$a = 1, 2, \cdots, \mathcal{A}$，$\mathcal{A}$ 为叠加单元的最大数量；l_0 为主路径；$\vartheta(\cdot)$ 为对辅助分支的选择函数；d 为不同辅助分支的备选模式，$d = 1, 2, \cdots, \mathcal{D}$，$\mathcal{D}$ 为辅助分支的总数；a 层可以选择 1 到 $\mathcal{D}$ 之间所需的任何可选辅助路径；$\mathbb{L}$ 为最终的网络结构。

在不同的路径交换学习到的信号特征，如图 4-7 所示。

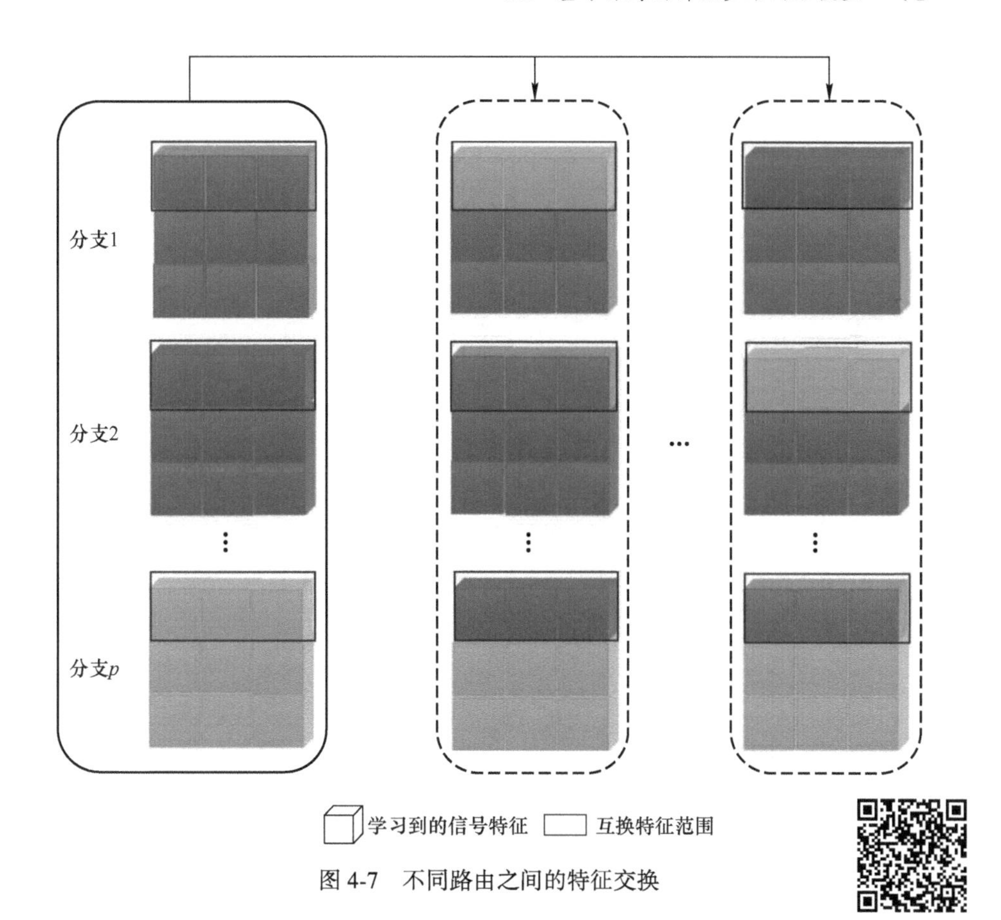

图 4-7　不同路由之间的特征交换

扫一扫查看彩图

路径（二维码彩图中黑色实线框）表示从 1 到 p 的多路由路径。packet 代表学习到的信号特征，track 代表互换特征范围（见二维码彩图中紫色实线框）是各路径按一定百分比进行特征交换的选择范围。通过在不同路径之间互换一定比例学习到的信号特征，提供给下一单元进一步学习。这种方式避免了不同路由之间所学习到特征的局限性，保证了网络能够提取到丰富的信号特性，来应对深海信道下输入网络的信号数据长度变化，提高分类识别效果。

如果没有路径之间的交换，获取到的信号特征将会非常有限。如果在不同路径之后交换一些学习到的信号特征，传递到下一个单元的不同路径会学习到不同路径的信号特征，可以从输入网络的不同长度信号的数据中获取到足够丰富的调制分类表征。通常情况下，互换特征范围不是随机的，而是均匀交换的，这更有利于在不同的互换特征范围内共享学习特征。每个分支对应的二维

特征矩阵是 $[W_1, W_2, \cdots, W_p]$，所选特征范围百分比为 δ。交换中涉及的特征是：

$$V_1 = \delta W_1 \tag{4-16}$$

$$V_2 = \delta W_2 \tag{4-17}$$

$$\vdots$$

$$V_p = \delta W_p \tag{4-18}$$

在第一网络单元学习后，按比例选择的初始矩阵：

$$[V_1, V_2, \cdots, V_p] \tag{4-19}$$

从 1 到 $p-1$ 的轮换操作为：

$$[V_p, V_1, V_2, \cdots, V_{p-2}, V_{p-1}] \tag{4-20}$$

$$[V_{p-1}, V_p, V_1, \cdots, V_{p-3}, V_{p-2}] \tag{4-21}$$

$$\vdots$$

$$[V_2, V_3, V_4, \cdots, V_p, V_1] \tag{4-22}$$

当上述阶段完成时，全局最大池化（GlobalMaxPooling）将特征图大小减小到 1×1，最后，全连接层（Dense）输出信号调制判断结果。

4.3 实验分析

为了更好地验证两种网络结构对不同信号长度的处理能力，在深浅海信道仿真实验中，通信调制信号除了包含第 3 章 8 种调制方式外，又添加了 32QAM 调制方式，共 9 种调制方式。

4.3.1 基于分支网络结构的浅海仿真实验

4.3.1.1 不同信号长度下网络分支数量识别性能分析

图 4-8 说明了在 4 种不同信号长度下的分类效果。分支网络内部保持每条支流内的卷积单元只有一层。S_1 表示包含 3×3 卷积核流的数量，S_2 表示包含 2×2 卷积核流的数量。4 种信号长度下在 $-15\text{dB}<\text{SNR}<0\text{dB}$ 范围时，$S_1=3$，$S_2=3$；$S_1=2$，$S_2=3$；$S_1=3$，$S_2=2$ 的信号调制分类效果相似，它们的识别效果差别在 1%以内，并且有较好的识别效果。这三种流形式在信号长度分别为 32、64、

128、256 时比 $S_1=1$、$S_2=1$ 分别平均高约 7%、10%、12%、4%。说明在较低的信噪比下，增加两种卷积核的流数可以有效提高分类效果。当网络支流数目足以提取信号数据集中的调制特征时，随着支流的增加，分类效果并没有显著提高。从 0dB<SNR<15dB 范围时，$S_1=2$，$S_2=3$；$S_1=3$，$S_2=2$；$S_1=3$，$S_2=3$，这三种情况在不同信号长度下的调制分类趋于一致。对应 4 种信号长度，它们分别比 $S_1=1$，$S_2=1$ 高出近 5%、4%、3%、3%。说明该网络方法可以适应浅海信道下不同信号长度的变化，并通过增加流的数量可以有效提高分类效果。

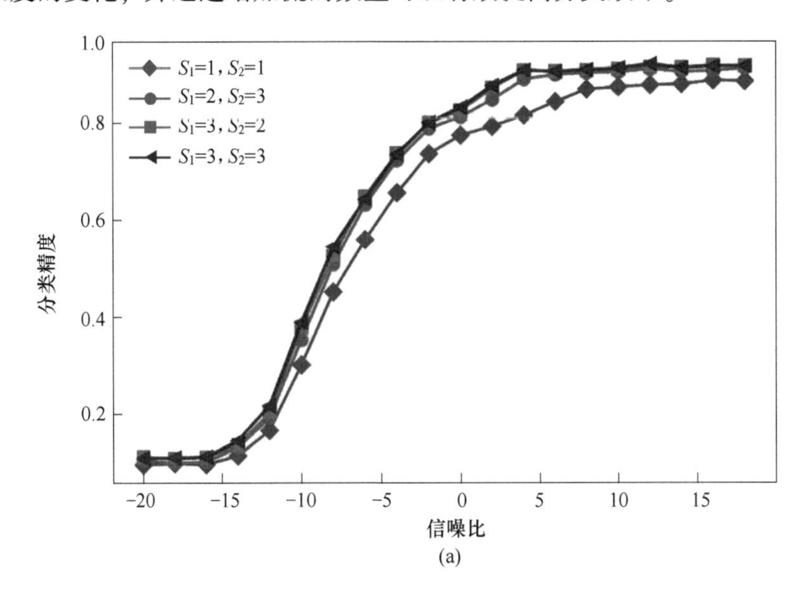

(a)

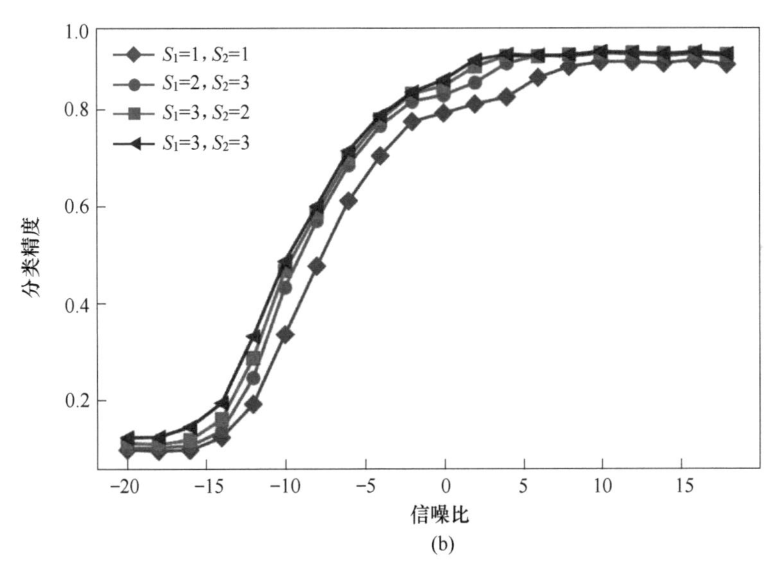

(b)

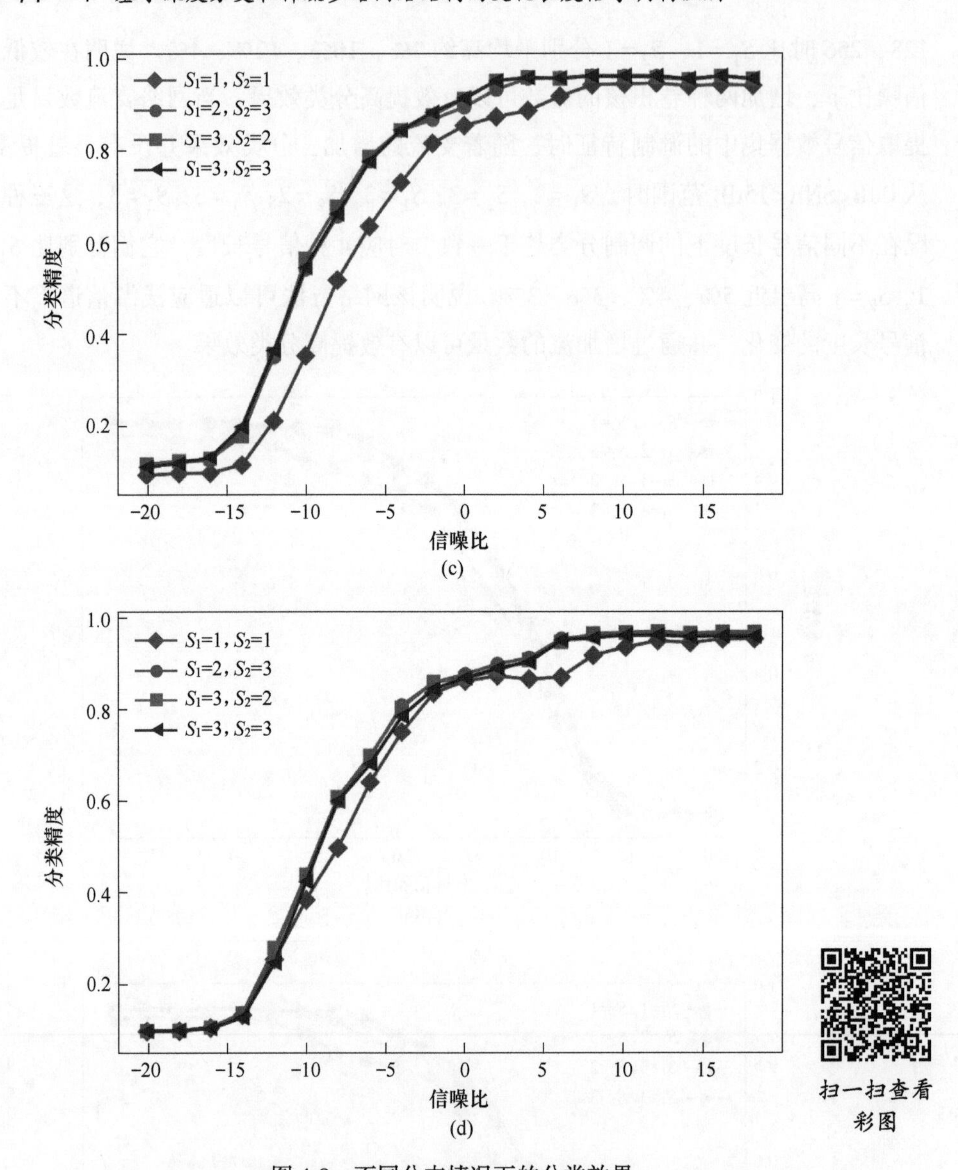

图 4-8 不同分支情况下的分类效果

(a) 信号长度= 32；(b) 信号长度= 64；(c) 信号长度 = 128；(d) 信号长度 = 256

4.3.1.2 不同信号长度叠加不同卷积单元数量的分类性能分析

在图 4-9 中，保持分支方式在最优的 $S_1=3$，$S_2=3$ 形式下，进行分支内叠加卷积单元的调制识别性能分析。R_1 表示具有 3×3 卷积单元叠加的数量，R_2 表示具有 2×2 卷积单元叠加的数量。在信号长度为 32、64 和 128 时，调制识别效果相当，差距不足 1%。当信号长度为 256 时，通过叠加的卷积单元识别效果有了进一步提升。这主要是因为256的信号长度可以提供给分支网络更多的信号数据信息，从而进一步提升了分类效果。从4种信号长度整体分类效果上看，分支网络在支流内叠加多层卷积单元后，可以适应信号长度的变化。针对256信号长度的识别效果进行进一步分析，在-20dB<SNR<-10dB的范围内，$R_1=3$，$R_2=3$；$R_1=4$，$R_2=4$具有最好的分类效果，前者比后者略好1%左右。这两种结构形式的分类效果比$R_1=2$，$R_2=2$形式高出近7%，比$R_1=1$，$R_2=1$结构形式的分类效果高21%。从-10~8dB的SNR范围内，该网络方法除$R_1=1$，$R_2=1$外具有相似的分类性能，各种形式的叠加卷积单元分类效果差距在1%左右，$R_1=1$，$R_2=1$比其他形式低8%。在SNR>8dB时，不同叠加单元的识别性能近似。这表明通过在多个流中叠加多个卷积单元，能够适应信号长度变化的影响，同时信号长度的增加可以进一步有效提高分类效果。

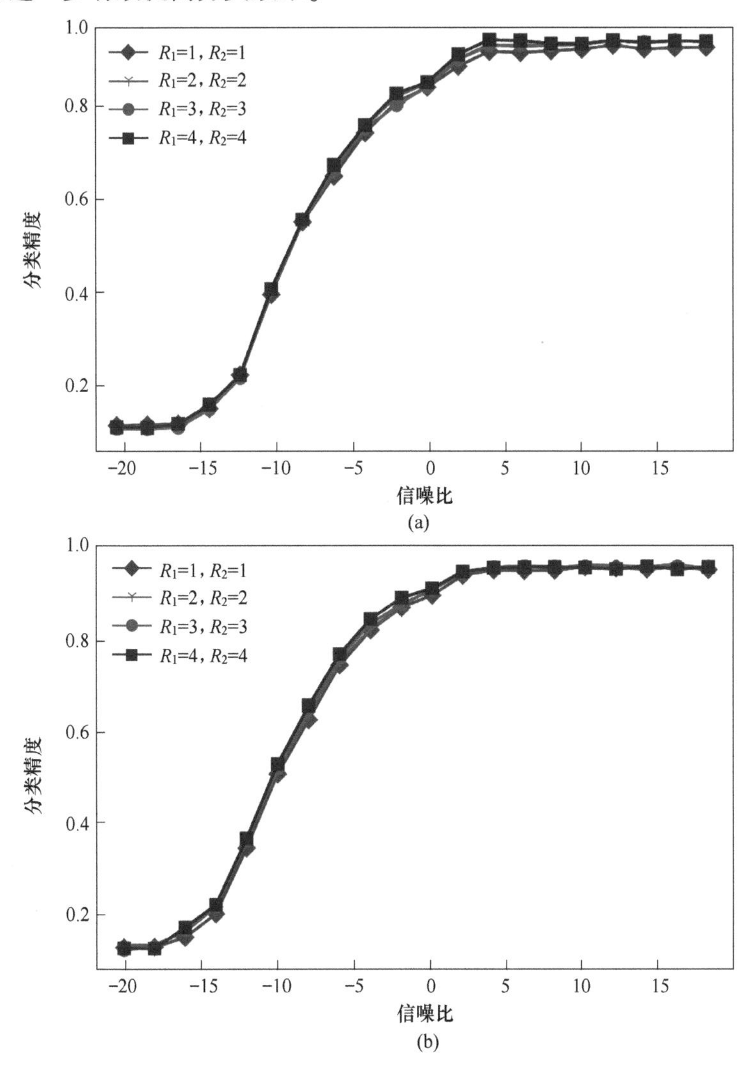

(a)

(b)

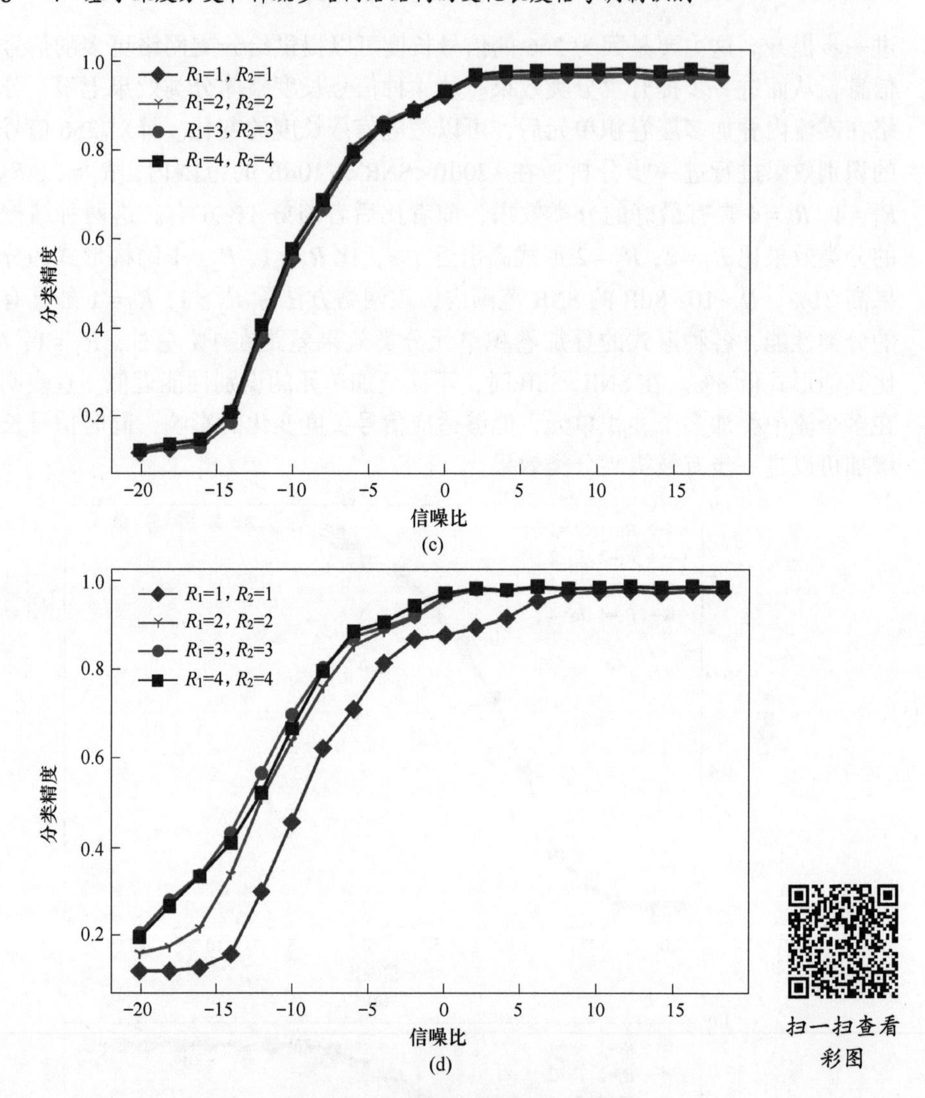

图 4-9 叠加不同卷积单元的调制分类精度

(a) 信号长度 = 32；(b) 信号长度 = 64；(c) 信号长度 = 128；(d) 信号长度 = 256

4.3.1.3 不同信号长度下多种网络方法调制识别性能对比分析

图 4-10 显示了在不同信号长度下多种网络方法信号调制识别效果对比。分支网络（MulstrNet）与 MobileNet[121]、Xception[122] 和 AmoebaNet[123] 进行了比较。MobileNet 和 Xception 是堆叠了更多小卷积核的网络方法，而 AmoebaNet 是通过强化学习方法生成的具有复合多种小卷积核的随机生成的网络结构。分支网络支流采用 $S_1=3$，$S_2=3$ 形式，叠加卷积单元采用 $R_1=4$，$R_2=4$ 形式。在−20dB<

SNR<-16dB 的范围内，信号长度为 32、64 和 128 时，MulstrNet 的分类效果与 MobileNet、Xception 和 AmoebaNet 表现相近，差距在 5%左右，识别效果均在 15%以下。在相同 SNR 范围，信号长度为 256 时，MulstrNet 的分类效果比 MobileNet、Xception 和 AmoebaNet 分别高约 13.4%、7.4%和 14.3%。说明在低 SNR 范围时，较长的信号数据更有利于 MulstrNet 提高分类性能，这时与之对比的其他网络方法却无法进一步提升分类效果。当 SNR>-16dB 时，各种网络方法都有了明显提升，MulstrNet 提升更为显著。在信号长度 32、64、128 和 256 的情况下，MulstrNet 分别比 MobileNet、Xception 和 AmoebaNet 平均高出 13.1%、10.9%和 14.7%。得益于 MulstrNet 的多分流和层叠卷积单元的网络结构设计方

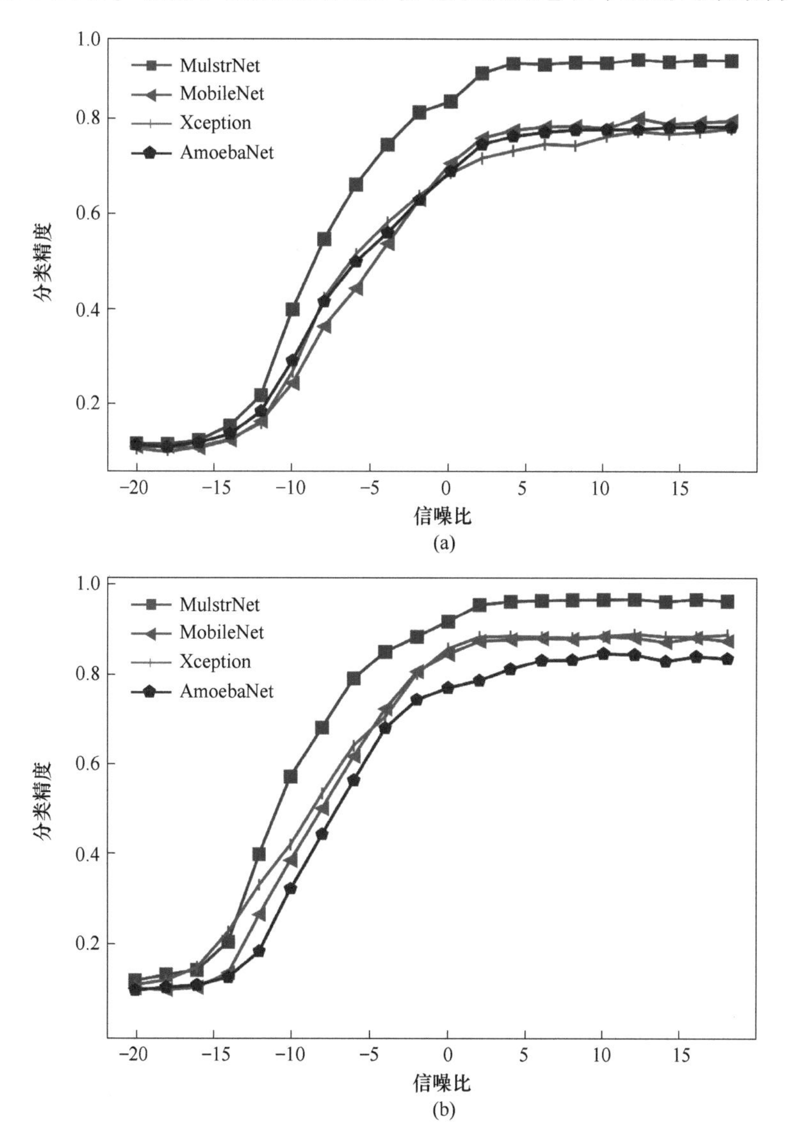

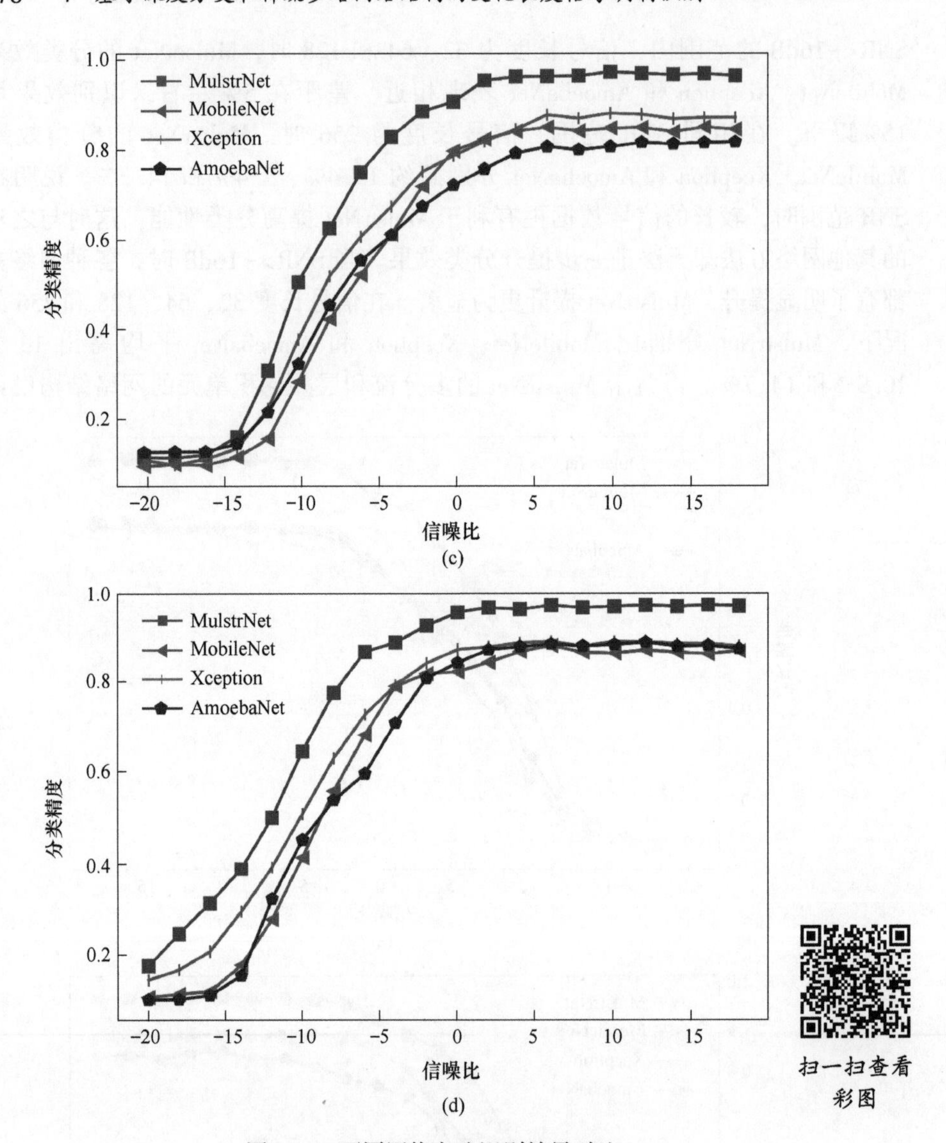

图 4-10 不同网络方法识别效果对比

(a) 信号长度 = 32；(b) 信号长度 = 64；(c) 信号长度 = 128；(d) 信号长度 = 256

式，在各种信号长度下，其分类效果明显好于类似网络结构的方法。说明 MulstrNet 可以在浅海信道下，克服传统深度网络方法固定输入数据长度的问题，更能适应水声通信系统中常见的变化信号数据长度的问题。

4.3.1.4 分支网络参数量分析

分支网络方法通过将各支流结构并行化，有效地提高了网络结构的宽度，并且极大缓解了网络复杂性的急剧增加。复杂性直接反映在网络的参数大小上。参数越多，复杂度越高。采用 1×1、2×2 和 3×3 等不同大小的小卷积核可以有效降低计算复杂度。

以分支网络 $S_1=4$，$S_2=4$（叠加卷积单元为 $R_1=1$，$R_2=1$）为例，分析过程不考虑网络内都具有的 ReLU 层和 BN 层。网络起始处的三个 1×1 卷积式命名为 S_0，分支路径从左到右分别命名为 S_1、S_2、S_3、S_4，其中 S_3、S_4 流分别包含具有 2×2 和 3×3 卷积核的分支流。为了实现低复杂度，分析 1×1 卷积降低参数量的作用对应表 4-1 和表 4-2。

表 4-1 不包含 1×1 卷积核的网络模型参数量

网络流名称	卷积核形式	输出大小	对应参数量	内部包含分流数
S_1		256×2	1024	
S_2		256×2	1024	
S_3	2×2	256×96	294912	$S_2=3$
S_4	3×3	256×64	294912	$S_1=2$
总参数量			591872	

表 4-2 包含 1×1 卷积核的网络模型参数量

网络流名称	卷积核形式	输出大小	对应参数量	内部包含分流数
S_0	1×1	256×32	8192	
S_0	1×1	32×32	1024	
S_0	1×1	32×64	2048	
S_1	1×1	64×64	4096	
S_2	1×1	64×32	2048	
S_3	1×1	64×64	4096	
S_3	2×2	64×96	73728	$S_2=3$
S_4	1×1	64×48	3072	
S_4	3×3	48×64	55296	$S_1=2$
总参数量			153600	

如果不使用 1×1 卷积，表 4-1 中 2×2 和 3×3 卷积的参数大小为 294912。经过 1×1 卷积后，分支中 2×2 和 3×3 卷积的参数大小减少到表 4-2 中的 73728 和 55296。前者分别是后者的 4 倍和 5 倍左右。不含 1×1 卷积的总参数为 591872。具有 1×1 卷积的参数大小为 153600，这几乎是没有 1×1 卷积的 1/4。同时，该网络采用 2×2 和 3×3 的小卷积，进一步降低了参数量。虽然需要采用多种形式的卷积来丰富提取的信号调制特征，但是较大的卷积形式也会增加计算复杂度。通常针对图像数据的网络方法中包括 3×3 卷积和 7×7 卷积。从复杂度的角度看，2×2

卷积不到 3×3 卷积的 1/2，而 3×3 卷积不到 7×7 卷积的 1/5。在保证识别精度的情况下，卷积核越小，计算速度越快。分支网络使用的小卷积核能够实现降低参数总量的目标，从而降低了训练复杂度。结果表明，该网络方法具有较小的参数规模，更便于在实际水声通信环境中部署和使用。

4.3.2 基于稀疏多路网络结构的深海仿真实验

4.3.2.1 不同信号长度稀疏多路网络识别分析

图 4-11 显示了具有不同路由形式的各种信号长度下中的调制分类性能。实验的网络结构中叠加了三个单元。(X, X) 表示对应于中间单元的辅助路由选择

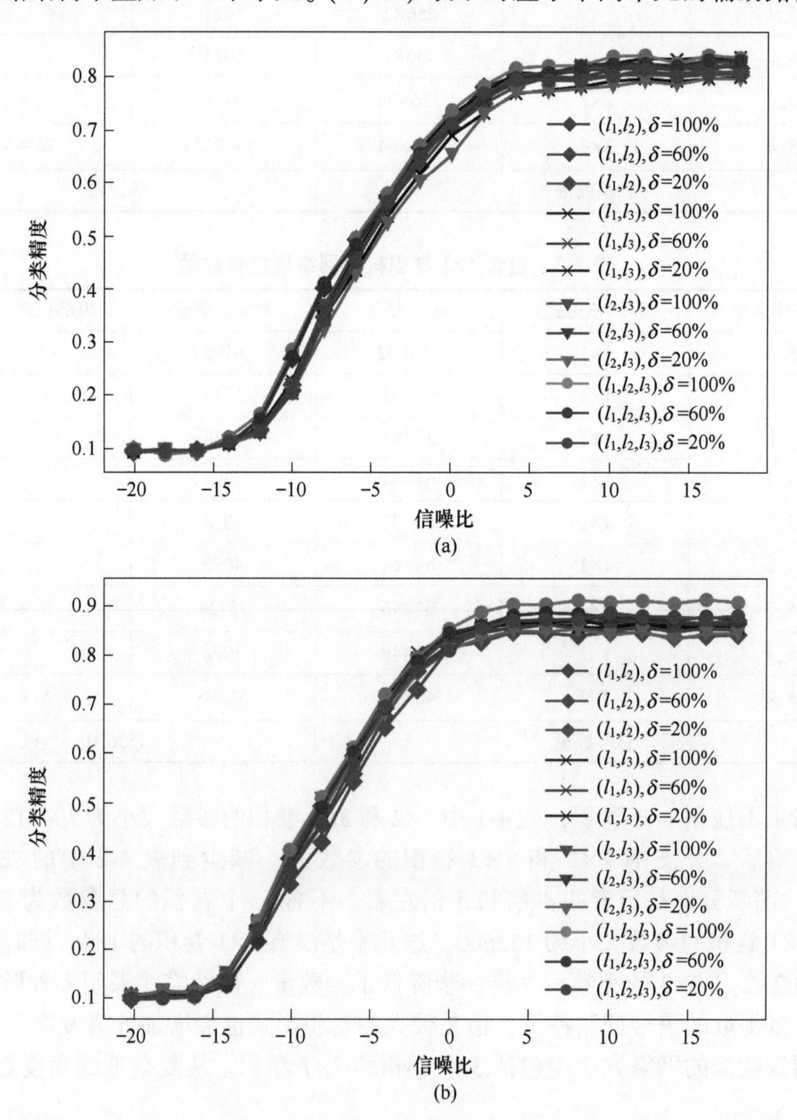

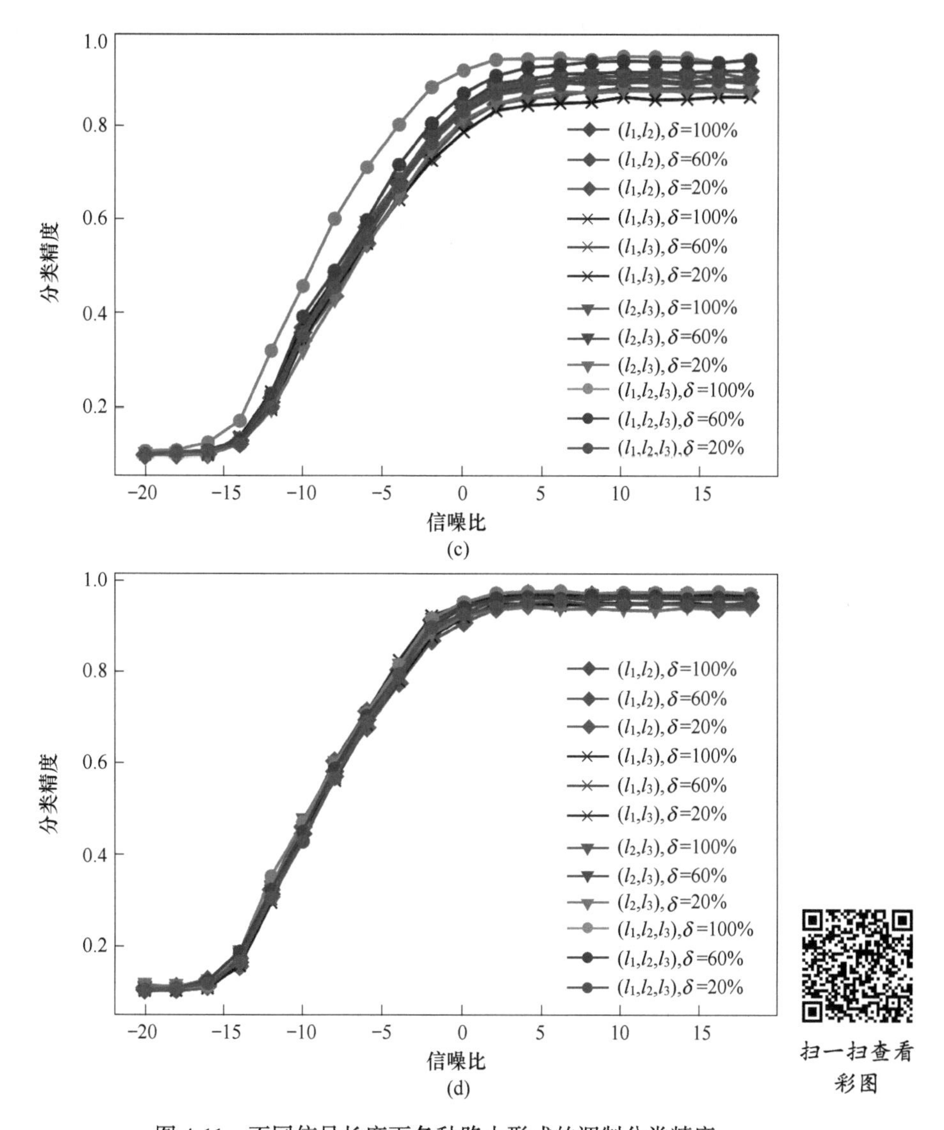

图 4-11 不同信号长度下各种路由形式的调制分类精度

(a) 信号长度 = 32；(b) 信号长度 =64；(c) 信号长度 =128；(d) 信号长度 =256

两种方式，(X, X, X) 形式有类似的含义包含 3 种路由形式，X 对应 l_1、l_2 或 l_3 的不同选择。δ 是路由之间交换所选特征范围的百分比。

在 12 种不同的混合路由形式中，可以有效地识别信号长度为 32、64、128 和 256 的 9 种调制类型。当信号长度为 32 时，在−20～−16dB 的低 SNR 范围内，不同路由形式的调制分类结果相似。在−16dB<SNR<0dB 范围内，(l_1, l_2, l_3)，$\delta=100\%$ 分别比 (l_1, l_2, l_3)，$\delta=60\%$，(l_1, l_2, l_3)，$\delta=20\%$ 高约 1.2%，

3.2%。当 SNR>0dB 时，(l_1，l_2，l_3)，δ = 100% 平均比其他路由形式的 δ = 100%、δ =60% 和 δ = 20% 分别高约 4.8%、8.2%和 13.6%。在信号长度为 64 也有类似的趋势。进一步增加路由分支并没有持续提高分类精度。这是由于混合路由网络通过充分交换特征能够更好地提取丰富的信号特征，在(l_1，l_2，l_3)，δ = 100% 形式下可获得有效的分类效果。随着信号长度增加到 128，在 SNR<-16dB 范围内，不同混合路由网络的分类结果几乎相同。随着 SNR 的增加，不同辅助路由的选择方式分类能力有了明显变化。当-16dB<SNR<5dB 时，(l_1，l_2，l_3)，δ =100% 与其他路由形式相比具有明显的优势。(l_1，l_2，l_3)，δ = 100% 形式与(l_1，l_2，l_3)，δ = 60% 和(l_1，l_2，l_3)，δ = 20% 形式对比分别增加了大约 6.9%和 10.5%。在 256 的信号长度中，在 SNR<-15dB 的情况下，不同的路由形式分类识别表现相近。当 SNR>-15dB 时，在 δ = 100% 交换率下，(l_1，l_2，l_3)效果最好。与其他三种路由形式[(l_1，l_2)、(l_1，l_3)和(l_2，l_3)]相比，平均提高了约 2.5%。当较长信号数据被提供给稀疏多路由网络时，可以从中提取到更多的高维信号特征，这有助于提高识别调制类型的能力。说明了稀疏多路由网络是解决不同信号长度在深海信道下进行信号调制识别的一种有效方法。

4.3.2.2 不同网络方法的识别效果对比

通过多种网络方法识别对比，可以更突出地显示本节设计的稀疏多路网络模型结构上的优势。

在图 4-12 是稀疏多路网络(HybridRouteNet)与 SparseNet[124]、ResNeXT[125]和 DenseNet[126]进行比较。SparseNet 是稀疏连接的网络方法，ResNeXT 是水平方向上扩展的多路网络方法，而 DenseNet 是层间密集连接结构形成的多路网络方法。HybridRouteNet 在各种信号长度下，均采用(l_1，l_2，l_3)，δ = 100% 的网络结构形式。在-20~-15dB 的 SNR 范围内，4 种长度的信号分类结果几乎相同，识别效果都在 15%以下。在-15~0dB 的 SNR 范围内，HybirdRouteNet 的分类效果高于其他网络方法，在信号长度为 32 时平均比 SparseNet、ResNeXT 和 DenseNet 高约 4.3%、7.1%和 26.1%；当信号长度增长到 64 时，分别比三种对比网络方法平均高了约 9.7%、11.6%和 31.7%；信号长度为 128 时，分类效果优势平均比三种对比网络高出 3.8%、13.3%和 36.6%；当信号长度为 256 时，HybirdRouteNet 分类效果分别好于 SparseNet、ResNeXT 和 DenseNet，达到 7.2%、8.2%和 34.7%以上。当 SNR>0dB 时，各种网络方法的分类效果持续上升，HybirdRouteNet 达到了较高分类效果，SparseNet 和 ResNeXT 分类效果趋于类似。HybirdRouteNet 在信号长度为 32、64、128 和 256 时分别比 SparseNet 和 ResNeXT 平均提高了约 8.1%、11.4%、8.3% 和 11.9%。同时，这个 SNR 范围内 DenseNet 在 4 种信号长度下分类效果近似，HybirdRouteNet 比 DenseNet 分类效果平均高了 30%。结果表明，HybirdRouteNet 通过稀疏多路结构设计和互换路由学习到的信号特征的方式，可以获得更多高级的信号分类信息，这使得在深海信道下信号长度变化时可以更好地进行多种调制方式识别。

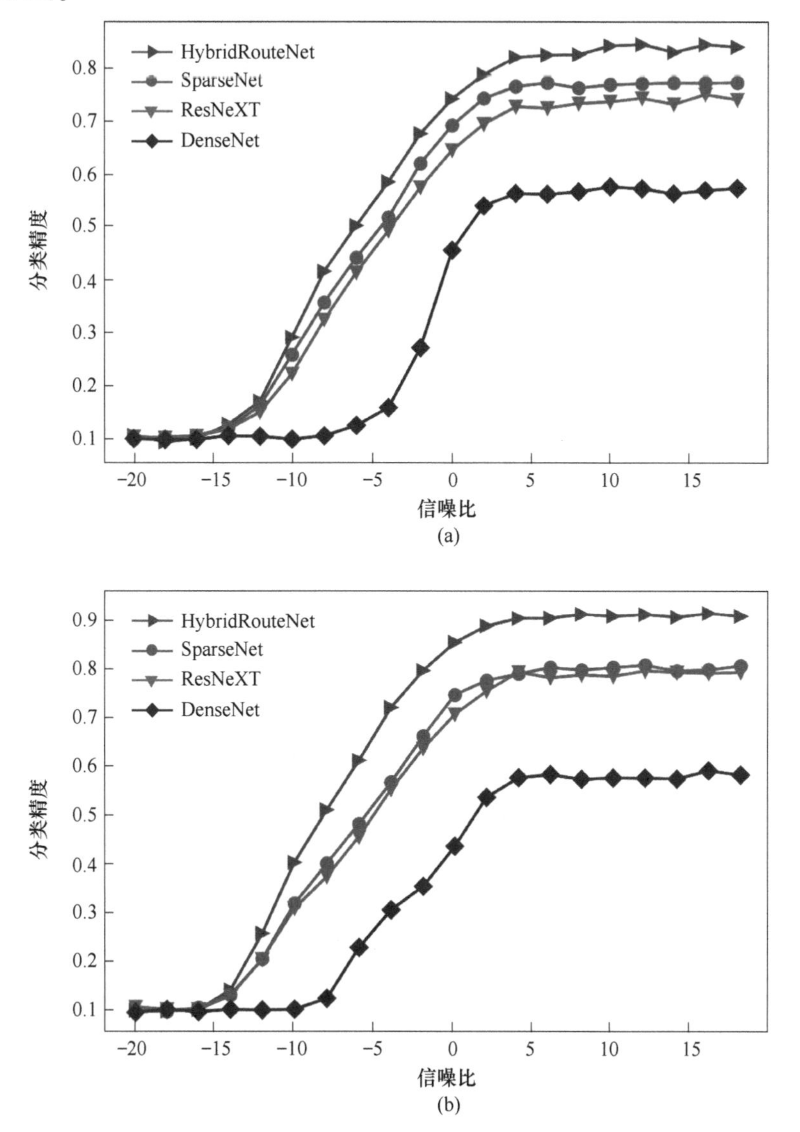

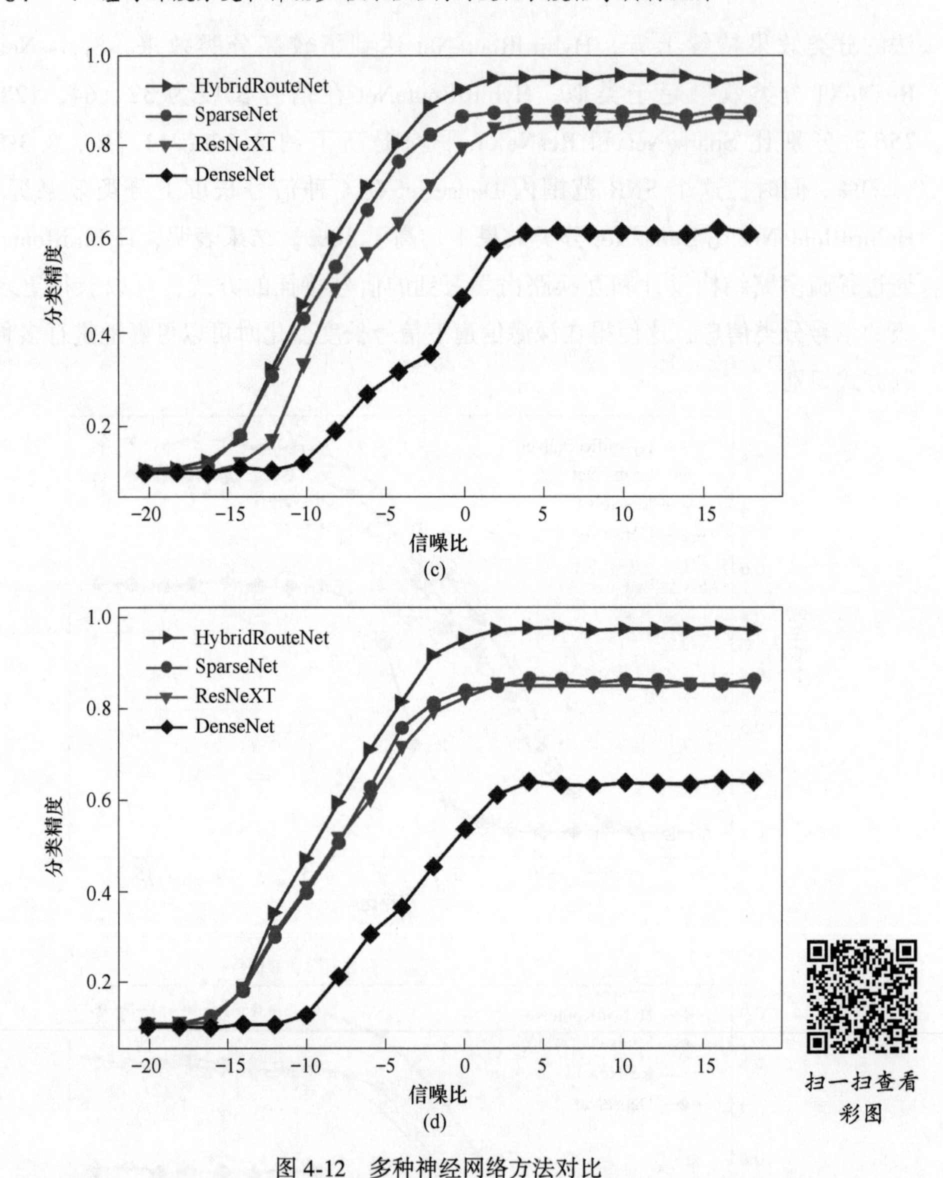

扫一扫查看彩图

图 4-12 多种神经网络方法对比

(a) 信号长度 = 32；(b) 信号长度 = 64；(c) 信号长度 = 128；(d) 信号长度 = 256

4.4 本章小结

本章通过分支网络和稀疏多路网络对变化长度的信号影响进行了分析。网络结构形式上的分支化和稀疏化，可以有效提升网络模型对浅海和深海环境下获取信号数据集深层调制特征分类的能力。针对浅海信道的分支网络结构中，通过在网络结构上引入分支和层叠多层小卷积单元的方式提升网络模型学习效率，能够更好地适应信号长度的变化。在深海信道中采用了稀疏多路由结构模式，同时在路由间进行了学习到的特征交换，并在整个深层网络结构中交替使用。这种网络形式相当于一种信号特征归纳手段，可以适应信号长度的不断变化，使网络模型能够学习到用于信号调制分类的深层表征，实现更好的调制类别区分。通过仿真实验证明，这两种网络形式在深浅海环境都可以适应信号长度带来的影响，实现较理想的调制识别效果。

5 基于时序和多跳网络在多普勒效应影响下的信号调制识别

本章分别对浅海信道和深海信道的多普勒效应，使用了不同形式的网络结构形式进行调制识别。对受多普勒效应影响的浅海信道数据集，采用了时序网络结构方式。基于时序的网络结构形式因为可以关联信号传递的前向序列进行调制分类的学习，但是传统的时序网络结构也存在着梯度弥散问题，需要选择合适的时序网络形式进行克服。同时，时序网络因为关联了前面序列信息，会过多地学习信号调制分类特征，容易发生过度拟合数据集的问题，通过使用随机去激活技术可以克服过拟合带来的问题，从而实现浅海水声信道的调制识别。同时，针对深海信道使用的多跳连接的网络结构形式，网络多层之间的多跳连接和可扩展感受野可以更有效地在网络模型层与层之间权值共享，克服模型因为多层级联带来规模过大的退化问题，实现在深海信道中调制方式的识别。

本章内容简述如下：5.1 节主要探讨了基于时序形式的循环神经网络结构基本形式及存在的梯度弥散问题，分析了使用该形式的变体可以更好地学习信号前面序列信息进行信号调制分类识别，并采用了随机去激活技术，克服了变体循环神经网络结构容易发生过度拟合数据集的问题。5.2 节针对深海信道的特点使用了多跳网络级联的结构形式来进行信号调制方式的识别。多跳网络结构主要采用了连接内部不同层的方式，通过多跳连接率控制多层之间的连接数，提高了深层网络学习信号特征的效率。然后在层内采用可扩展感受野范围确定了当前层中有多少提取信号特征用于下一层的继续学习，有利于网络获取更多的调制分类特征，增强在多普勒效应影响下的识别效果。5.3 节对这两种网络结构形式进行了仿真实验，证明了在多普勒效应影响下，两种网络结构形式具有良好的调制识别能力。5.4 节为本章小结。

5.1 时序神经网络结构

5.1.1 基于时序的循环神经网络

传统深度网络架构形式可以通过加深网络层数来提高对数据集的识别分类效果。随着网络结构的不断深化，信息和梯度在架构各层之间过度学习的现象变得严重。为了更好地提高识别效果，首先就要解决过深的网络架构带来的这种问题。常用的解决方案是使用 RNN 方法。RNN 结构的关键是能表征序列的当前输出与先前信息之间的关系。RNN 将记住先前的信息并使用先前的信息来影响后续输出，它可以实现与深度 CNN 结构类似的效果。

5.1.1.1 RNN 的正向和反向传播

RNN 具有循环连接的结构形式，如图 5-1 所示，随着时间的推移将信息反馈给循环网络。RNN 的这种记忆能力通过与前后序列相互作用，增强了网络模型的学习能力。该网络架构可以记忆先前的序列信息，并将其应用于当前输出的计算中。这对于处理浅海水下通信过程中前后序列延迟引起的相互干扰尤为重要。通过 RNN 正反向公式推导，分析了该结构在浅海信道多普勒效应影响下的信号分类解决方式及遇到的问题。

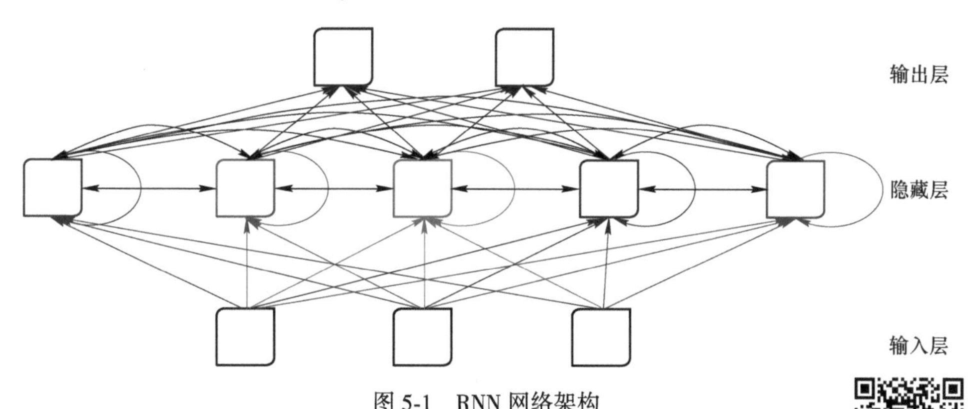

图 5-1 RNN 网络架构

扫一扫查看彩图

基本的 RNN 计算方式可以表示为：

$$o_t = \rho(\mathcal{P} j_t + \mathcal{H} o_{t-1}) \tag{5-1}$$

式（5-1）是 RNN 隐藏层的公式，表明它是一个循环层；$\mathcal{P}$ 为输入 j 的权重矩阵；$\mathcal{H}$ 为最后一个输入值 o_{t-1} 作为此输入的权重矩阵；$\rho(\cdot)$ 为激活函数。对应输出层的公式为：

$$k_t = \varphi(\mathcal{R} o_t) \tag{5-2}$$

输出层是一个全连接层。也就是说，输出层的每个节点都连接到隐藏层的每个节点。$\mathcal{R}$ 为输出层的权重矩阵；$\varphi(\cdot)$ 为激活函数。因此有前向传导过程推导为：

$$k_1 = \varphi(\mathcal{R} o_1) = \varphi(\mathcal{R} \rho(\mathcal{P} j_1)) \tag{5-3}$$

$$k_2 = \varphi(\mathcal{R} o_2) = \varphi(\mathcal{R} \rho(\mathcal{P} j_2 + \mathcal{H} o_1)) \tag{5-4}$$

$$\vdots$$

$$k_t = \varphi(\mathcal{R} o_t) = \varphi(\mathcal{R} \rho(\mathcal{P} j_t + \mathcal{H} o_{t-1})) \tag{5-5}$$

通过式（5-5）可设 $\hat{k}_t = \mathcal{R}\, o_t$，$\hat{o}_t = \mathcal{P}\, j_t + \mathcal{H}\, o_{t-1}$，对应着有：

$$k_t = \varphi(\hat{k}_t) \tag{5-6}$$

$$o_t = \rho(\hat{o}_t) \tag{5-7}$$

用 $D_t = D_t(o_t, k_t)$ 表示网络模型的损失函数，此时模型的总损失可以表示为（假设输入序列长度为 L）$D = \sum_{t=1}^{L} D_t$：对应着反向传导的推导为（这里用“·”代表元素乘法，用“×”代表矩阵乘法）：

$$\frac{\partial D_t}{\partial \hat{k}_t} = \frac{\partial D_t}{\partial k_t} \cdot \frac{\partial k_t}{\partial \hat{k}_t} = \frac{\partial D_t}{\partial k_t} \cdot \varphi'(\hat{k}_t) \tag{5-8}$$

$$\frac{\partial D_t}{\partial \mathcal{R}} = \frac{\partial D_t}{\partial \mathcal{R}\, o_t} \times \frac{\partial \mathcal{R}\, o_t}{\partial \mathcal{R}} = \left(\frac{\partial D_t}{\partial k_t} \cdot \varphi'(\hat{k}_t)\right) \times o_t^{\mathrm{T}} \tag{5-9}$$

式中，o_t^{T} 为 o_t 的转置。由 $D = \sum_{t=1}^{L} D_t$ 可知，总梯度可表示为：

$$\frac{\partial D}{\partial \mathcal{R}} = \sum_{t=1}^{L} \left(\frac{\partial D_t}{\partial k_t} \cdot \varphi'(\hat{k}_t)\right) \times o_t^{\mathrm{T}} \tag{5-10}$$

在 RNN 结构中层间传递参数时，和前面 CNN 网络最大不同在于，RNN 除了按照空间结构传播（$k_t \to o_t \to j_t$）以外，还得沿着时间通道传播（$o_t \to o_{t-1} \to \cdots \to o_1$），这使得很难将 RNN 的反向传播算法以一个统一的形式来表示，如图 5-2 所示。

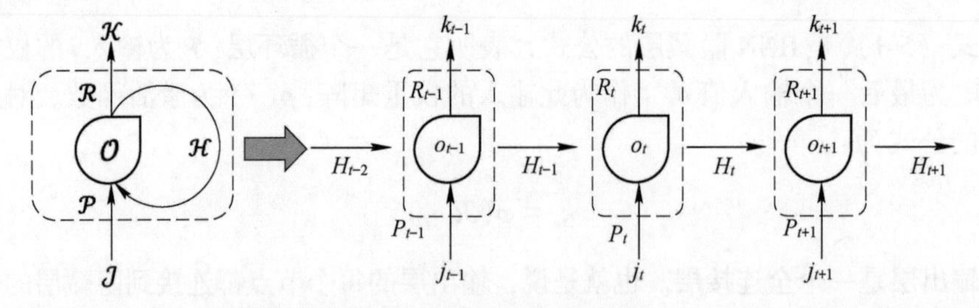

图 5-2 RNN 序列表示图

所以必须使用循环的方法来计算反向传导的各个参数。因为在反向传播过程中，t 应该从 L 开始循环降序到 1，在这个过程中计算时间通道上的局部参数推导依次为：

$$\frac{\partial D_t}{\partial \hat{o}_t}=\frac{\partial o_t}{\partial \hat{o}_t}\cdot\left(\frac{\partial o_t^{\mathrm{T}}\mathcal{R}^{\mathrm{T}}}{\partial o_t}\times\frac{\partial D_t}{\partial \mathcal{R}o_t}\right)=\rho'(\hat{o}_t)\cdot\left[\mathcal{R}^{\mathrm{T}}\times\left(\frac{\partial D_t}{\partial k_t}\cdot\varphi'(\hat{k}_t)\right)\right] \tag{5-11}$$

$$\frac{\partial D_t}{\partial \hat{o}_{\ell-1}}=\frac{\partial \hat{o}_\ell}{\partial \hat{o}_{\ell-1}}\times\frac{\partial D_t}{\partial \hat{o}_\ell}=\rho'(\hat{o}_{\ell-1})\cdot\left(\mathcal{H}^{\mathrm{T}}\times\frac{\partial D_t}{\partial \hat{o}_l}\right) \tag{5-12}$$

这里有 $\ell=1,2,\cdots,t$，这时对应时间通道上的局部参数计算 $\mathcal{P}$ 和 $\mathcal{H}$ 的梯度：

$$\frac{\partial D_t}{\partial \mathcal{P}}=\sum_{\ell=1}^{L}\left(\frac{\partial D_t}{\partial \hat{o}_\ell}\times\frac{\partial \hat{o}_\ell}{\partial \mathcal{P}}\right)=\sum_{\ell=1}^{L}\left(\frac{\partial D_t}{\partial \hat{o}_\ell}\times j_\ell^{\mathrm{T}}\right) \tag{5-13}$$

$$\frac{\partial D_t}{\partial \mathcal{H}}=\sum_{\ell=1}^{L}\left(\frac{\partial D_t}{\partial \hat{o}_\ell}\times\frac{\partial \hat{o}_\ell}{\partial \mathcal{H}}\right)=\sum_{\ell=1}^{L}\left(\frac{\partial D_t}{\partial \hat{o}_\ell}\times o_{\ell-1}^{\mathrm{T}}\right) \tag{5-14}$$

5.1.1.2 RNN 传递参数遇到的问题

由于 RNN 需要沿时间通道进行反向传导，其相应的局部梯度为：

$$\frac{\partial D_t}{\partial \hat{o}_{\ell-1}}=[o_{\ell-1}\cdot(1-o_{\ell-1})]\cdot\left(\mathcal{H}^{\mathrm{T}}\times\frac{\partial D_t}{\partial \hat{o}_\ell}\right) \tag{5-15}$$

式中，每个局部参数 $\frac{\partial D_t}{\partial \hat{o}_\ell}$ 都会携带一个矩阵 $\mathcal{H}$ 和一个 o_ℓ的激活函数所对应的梯度 $o_{\ell-1}\cdot(1-o_{\ell-1})$，这说明局部参数被各层激活函数输出值影响，在网络模型学习的过程中是呈指数级增长的。假设暂时不单独考虑激活函数的输出值，RNN 这种指数级增长的参数表现，和前面深层 CNN 网络梯度增长的表现几乎是一样。当输入趋近于两端时，激活函数的输出值会随着网络传播的参数而迅速变化，导致 RNN 中梯度弥散问题。

RNN 中的梯度弥散，说明 RNN 能够利用的前面时序信息十分有限。因为 RNN 的优势就在于这种网络结构形式能够利用前面时序的信息，而梯度弥散直接导致 RNN 无法充分学习受多普勒效应影响的水声通信数据集的特征。所以针对该问题必须对 RNN 作出相应优化，才能应从多普勒效应影响下的信号数据集中分类识别出多种调制方式。解决这个问题的一般方式就是改进 RNN 结构的状态传递方式。

5.1.2 基于门控的循环网络结构

尽管 RNN 架构已经具有处理前面序列的能力，但是处理序列的长度受到 RNN 本身结构的限制。在水下通信过程中，当信号到达接收端时，多普勒效应影响的信号序列长度超过了 RNN 架构处理序列长度的能力。这要求模型结构具有记忆较长序列的能力，但 RNN 短序列存储处理形式并不能处理长序列信号数据之间的相互干扰。这个问题导致训练的梯度不能在较长的序列中有效地传输，使得 RNN 无法获得受长距离信号序列影响的信息。产生这个问题的原因是由 RNN 传播计算方式引起的，因为在最终判断模型中有效的测量误差以指数函数的形式表示[130]。如果通信序列太长，测量误差的相应值将很快降低，这将导致梯度弥散问题。

因为梯度弥散难以查找，所以更不容易处理。针对 RNN 梯度弥散问题主要有三种处理思路：第一种，可以通过正确设置权重值来避免这种情况发生。合理设置权重初始化值，可以使 RNN 网络中的神经元，避免在训练过程中梯度弥撒的区域。该值应介于最小值和最大值之间。第二种，使用 ReLU 函数而不是 Sigmoid 函数和 Tanh 函数作为内部结构中的激活函数，从而提高模型的学习能力。第三种，使用其他 RNN 结构形式，如门控循环单元（Gate Recurrent Unit, GRU）网络结构形式。在实际水声通信过程中，因为水声通信数据的随机性，为每个水声通信数据集设置初始化权重是不现实的。采用 ReLU 激活函数用于水声通信过程的数据集信号调制识别任务，实际分类效果并不理想。主要是因为浅海水声通信环境复杂加上多普勒效应的影响，导致受到这些干扰的信号数据集单单仅通过一个非线性激活函数难以有效区分出不同形式的调制种类。因此，在改善水声通信调制识别方面，通过第三种 GRU 方法来防止梯度弥撒、提高识别效果。GRU 网络架构形式如图 5-3 所示。

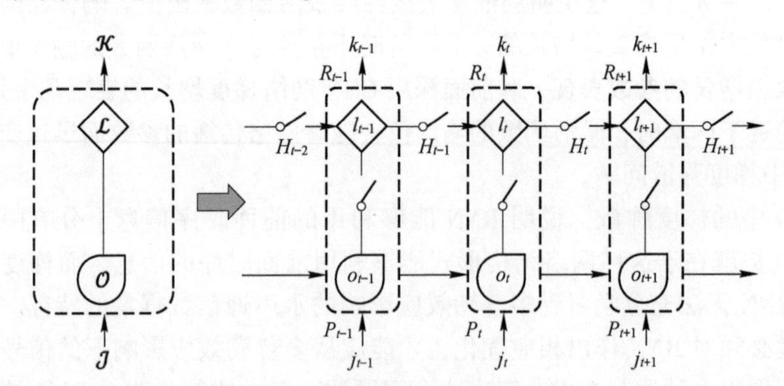

图 5-3 GRU 网络架构形式

与 RNN 结构相比，GRU 通过添加交换门控的方式控制$\mathcal{L}$的状态，实现了比 RNN 结构更好地处理长序列数据的能力。在水下通信过程中，由于多普勒效应的干扰引起的信号数据序列的相互干扰，GRU 可以通过能够记忆和处理更长信号序列的方式来应对多普勒效应的干扰。这里提到的开关实际上是通过使用一个函数来实现的，该函数相当于一个全连接层，输入是向量，输出是0~1的实数。使用开关是将元素的输出向量乘以需要控制的向量，开关的输出是0~1的实数。当开关状态为1时，任意向量乘以原始值，相当于输入值可以通过开关；当开关状态为0时，任何向量乘以0向量，这相当于输入值不能通过。实现开关控制的功能使用 sigmoid 函数，取值范围为（0，1）。GRU 的内部结构如图 5-4 所示。

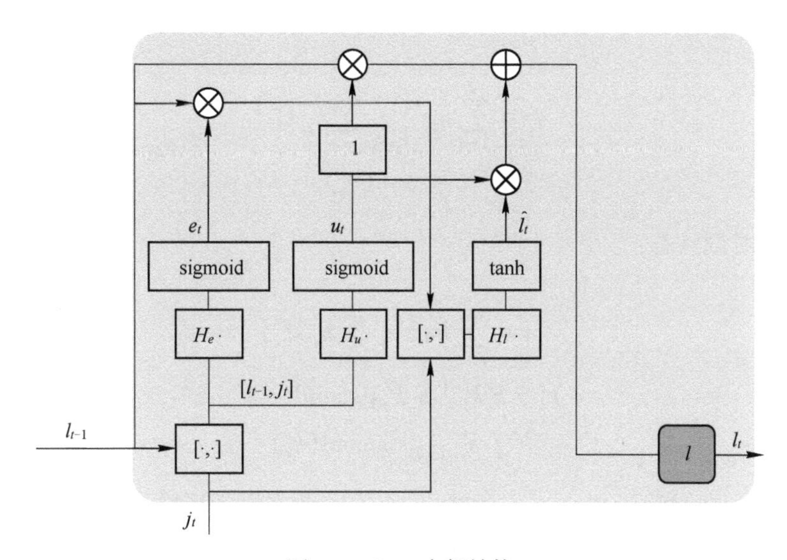

图 5-4 GRU 内部结构

对应于 GRU 内部结构的计算方法如下：

$$u_t = \mathrm{sigmoid}(H_u[l_{t-1}, j_t] + b_u) \tag{5-16}$$

$$e_t = \mathrm{sigmoid}(H_e[l_{t-1}, j_t] + b_e) \tag{5-17}$$

$$\hat{l}_t = \tanh(H[e_t \cdot l_{t-1}, j_t] + b_l) \tag{5-18}$$

$$l_t = (1 - u_t)l_{t-1} + u_t \cdot \hat{l}_t \tag{5-19}$$

式（5-16）为更新门的计算公式，H_u 为更新门之前的控制单元和输入权重矩阵，b_u 为更新门偏置项；式（5-17）为复位门的计算公式，H_e 为前一时刻控制单元和输入权重矩阵，b_e 为输入门偏置项；式（5-18）为计算单位状态的计算公式，H 为用于计算单位状态的权重矩阵，b_l 为计算单元状态的偏移项；式（5-19）为时刻 t 的控制单元的输出公式。sigmoid 函数和 tanh 函数均为非线性函数。参照上面几个公式中，u 为更新门标示，e 为复位门的标示，l 为状态门的标示。那么对应的前向传导推导过程如下：

（1）更新门：

$$o_u^t = \sum_{i=1}^{I} h_{iu} j_i^t + \sum_{s=1}^{\mathcal{S}} h_{su} k_i^{t-1} \tag{5-20}$$

$$k_u^t = \tanh(o_u^t) \tag{5-21}$$

式中，h 为神经元的权重，更新门在 t 状态时的输入为 o_u^t，输出为 k_u^t，后面公式表示类似。这里 I 为输入层神经元的总个数，$\mathcal{S}$为输出层神经元的总个数。

（2）复位门：

$$o_e^t = \sum_{i=1}^{I} h_{ie} j_i^t + \sum_{s=1}^{\mathcal{S}} h_{se} k_i^{t-1} \tag{5-22}$$

$$k_e^t = \tanh(o_e^t) \tag{5-23}$$

（3）t 时刻状态：

$$o_l^t = \sum_{i=1}^{I} h_{il} j_i^t + \sum_{s=1}^{\mathcal{S}} h_{sl} k_{\tanh}^{t-1} \tag{5-24}$$

$$k_l^t = k_e^t k_l^{t-1} + k_u^t \mathrm{sigmoid}(o_l^t) \tag{5-25}$$

$$k^t = k_{\mathrm{sigmoid}}^t \mathrm{sigmoid}(k_l^t) \tag{5-26}$$

式中，$k_{\tanh}$ 为在激活函数 tanh 下的输出；k_{sigmoid} 为在激活函数 sigmoid 下的输出。

对应着反向传导推导过程如下所述。

（1）更新门：

$$\tau_u^t = \tanh'(o_u^t) \sum_{c=1}^{\mathcal{C}} \mathrm{sigmoid}'(o_u^t) \frac{\partial D}{\partial k_l^t} \tag{5-27}$$

式中，τ 为反向传播时的输出状态；$\mathcal{C}$ 为输出状态的总数。

（2）复位门：

$$\tau_e^t = \tanh'(o_e^t) \sum_{c=1}^{\mathcal{C}} k_l^{t-1} \frac{\partial D}{\partial k_l^t} \tag{5-28}$$

（3）t 时刻状态：

$$\tau_l^t = k_u^t \sum_{c=1}^{\mathcal{C}} \mathrm{sigmoid}'(o_u^t) \frac{\partial D}{\partial k^t} \tag{5-29}$$

$$\frac{\partial D}{\partial k_l^t} = k_e^{t+1} \frac{\partial D}{\partial k_l^{t+1}} + \mathrm{sigmoid}'(k_l^t) \frac{\partial D}{\partial k^t} + h_{lu} \tau_u^{t+1} + h_{le} \tau_e^{t+1} \tag{5-30}$$

$$\frac{\partial D}{\partial k^t}=\sum_{s=1}^{S}h_{sl}\tau_i^t+\sum_{q=1}^{Q}h_{ql}\tau_q^{t+1} \tag{5-31}$$

式中，Q 为隐藏层神经元的总数。

通过 GRU 的正反方向推导可以看出，通过加入的门控方式，可以更好地关联更长的前序信号数据，有利于处理浅海多普勒效应影响导致的信号互相干扰的问题。

5.1.3 网络架构随机去激活

GRU 由于要训练的深度学习模型参数太多，因此训练好的网络模型易于过度拟合信号数据集。过度拟合是指模型对训练数据的损失函数相对较小，并且只对训练数据集的预测精度较高。也就是说，拟合曲线是锐利的，不平滑的，并且泛化能力不好。表现为对验证数据集的计算得出损失函数很大，并且预测精度低。控制过拟合的常用方法是在损失函数中“惩罚”模型的参数。在这种情况下，这些参数不会太大，参数描述模型越小，模型越简单，过度拟合的可能性就越小。因此，在加权惩罚项后，当将梯度下降算法应用于迭代优化计算时，如果参数相对较大，此时的常规项值也相对较大，因此参数更新时参数减小较大。这样处理后可以使拟合结果看起来更平滑，更有利于泛化使用到其他信号数据集。

加入随机去激活（Dropout）技术后的 GRU 的式（5-19）变为：

$$l_t=(1-u_t)l_{t-1}+u_t\cdot\gamma(\hat{l}_t) \tag{5-32}$$

式中，$\gamma(\cdot)$ 是 Dropout 函数。添加到 GRU 结构中的 Dropout 单元如图 5-5 所示。这里的 Dropout 的功能和前面类似，通过对网络结构上的随机化来减少网络模型的过拟合问题。

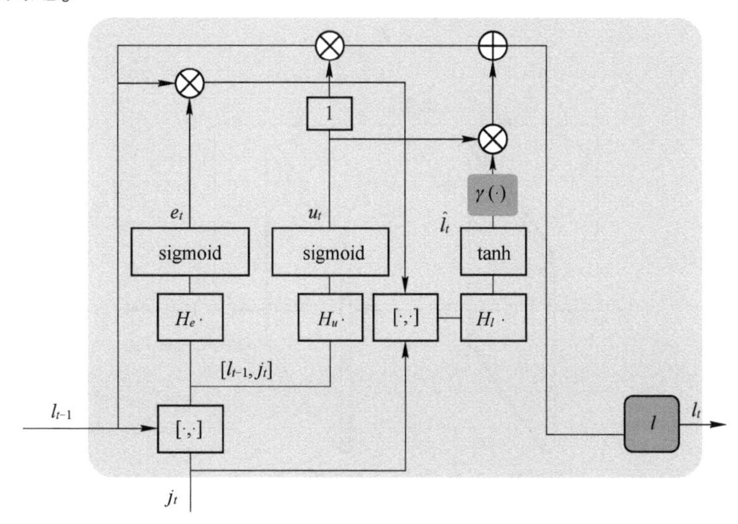

图 5-5 Dropout 形式的 GRU 结构

5.2 多跳网络结构形式

5.2.1 网络模型退化问题分析

深度学习网络架构可以通过不断深化网络结构的方式来有效地提高网络模型的分类效果。但是，深层网络架构也容易导致模型退化问题，特别在深层次的网络结构中这种情况更加严重。所谓的模型退化问题是每层中只有少量隐藏单元为不同的输入改变它们的激活值，并且大多数隐藏单元以不同的方式响应相同的输入。随着网络层数的递增，深度网络结构形式成为克服多普勒效应影响信号调制类型识别的主要问题。这主要是因为在训练过程中，每层生成的输入信息和梯度信息在逐渐减少，并最终在通过每层处理之后被“清洗”掉了。这里所说的“清洗”也就是说参数在通过一层层的传递会逐渐变得非常小[131,132]。为了解决由于加深网络架构而导致的模型退化的问题，最好的方式就是最小化前层和后层之间的连接，提高参数在网络结构内的传递效率，从而有效地在网络模型中传递层与层之间学习得到的信息。

由于更深的深度学习网络层结构形式，可以更全面地、深入地学习数据集的分布概率，从而实现更高的分类精度。这种深度网络结构形式可以实际应用的前提是要克服网络模型的退化问题。跳接网络模型的核心是在前层和后面多层之间建立直接连接，这有助于在训练过程中反向传播训练参数，从而可以训练更深的网络结构形式。

典型跳接网络连接的基本结构方式如图 5-6 所示。网络模型的输入和输出关系可以等效为：

$$z = \mathbb{K}(m) \tag{5-33}$$

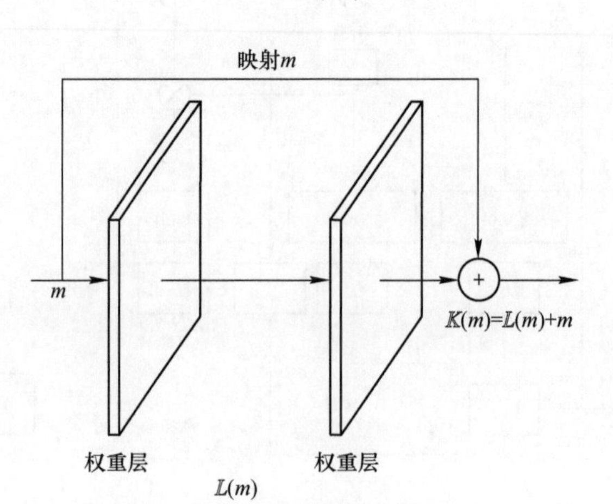

图 5-6 基本跳接网络结构形式

通过梯度法直接寻找 $\mathbb{K}(m)$ 会遇到网络模型退化的问题。最终，使训练学习得到的梯度方向不准确，得到的训练模型无法获得有效分类结果。这是因为学习曲线基本上在参数空间退化的方向上减慢，这减小了模型的有效尺寸。尤其是在深海水声信道的干扰下，因为数据集分布概率空间受深海多普勒效应的影响，网络模型在学习其概率分布时更容易产生退化现象。解决这种问题的其中一种方式是，在训练过程中寻找合适模型参数和匹配的数据集参数，来提高网络模型克服退化的能力。但实际上，由于退化问题，导致可以有效地适应网络模型变化参数的自由度降低了。为了应对这种受限自由度的限制，通过使用具有跳接方式的网络结构可以有效缓解。这时变量参数部分的优化目标不再是 $\mathbb{K}(m)$，将优化目标转化为 $\mathbb{L}(m)$，表示为：

$$\mathbb{K}(m) = \mathbb{L}(m) + m \tag{5-34}$$

$$\mathbb{L}(m) = \mathbb{K}(m) - m \tag{5-35}$$

式中，$z = m$ 相当于输入的观测值，$\mathbb{L}(m)$ 对应于实际值和目标值之间的差距。这样做的主要原因是学习两者之间的差距比直接学习优化目标 $\mathbb{K}(m)$ 要简单。现在只需要了解输入和输出之间的差异，优化绝对数量就变成了优化相对数量。因为 $\mathbb{K}(m) - m$ 是输出相对于输入变化的程度，优化起来要简单得多。

因为后一层可以直接使用原始输入信息，并且还使用前一层处理输入信息的结果。这最大化了深层网络层与层之间的信息流的传递。特别是在反向传播过程中，输入信息包含直接导出的损失函数的结果。这更有利于深层网络架构层级之间的信息传播，从而有效地解决了模型退化的问题。

跳接网络结构的计算公式为：

$$n_r = \mathbb{A}(z_{r-1} + n_{r-1}) \tag{5-36}$$

式中，n_r 为当前网络层 r 的输出，它等于正常网络的输出 z_{r-1} 和网络输入 n_{r-1} 之和，然后通过激活函数 $\mathbb{A}(\cdot)$ 做非线性处理。当输入 z 以最一般的形式时有：

$$z = \nu n + \eta \tag{5-37}$$

式中，n 为输入；ν 为网络的权重；η 为偏差。进一步可以写成：

$$n_r = \mathbb{A}(\nu_r n_{r-1} + \eta_r + n_{r-1}) \tag{5-38}$$

$$= \mathbb{A}((\nu_r + 1)n_{r-1} + \eta_r) \tag{5-39}$$

通过增加输入与输出的直接连接，在各层之间建立联系，通过反向误差传播来提高训练效率，有效克服网络模型退化导致的问题。假设从 r 层到 $r-1$ 层，根据完整连接层，常规的等式是：

$$\frac{\partial \mathbb{H}}{\partial n_{r-1}} = \frac{\partial \mathbb{H}}{\partial n_r}\frac{\partial n_r}{\partial n_{r-1}}$$
$$= (\mathbb{V}_r)^{\mathrm{T}}\frac{\partial \mathbb{H}}{\partial n_r}\beta'(n_{r-1}) \tag{5-40}$$

参考式（5-38）添加 n_{r-1} 项，跳接结构的网络通过反向传播导数方程逆转换过程为：

$$\frac{\partial \mathbb{H}}{\partial n_{r-1}} = (\mathbb{V}_r + 1)^{\mathrm{T}}\frac{\partial \mathbb{H}}{\partial n_r}\beta'(n_{r-1}) \tag{5-41}$$

添加 n_{r-1} 项的目的是提高训练速度并有效抑制网络模型退化。当网络变深时，网络模型的训练会很慢。主要原因在很大程度上是此时由于加权值的正则化，导致权重变得非常小。通过多级级联的方式，在不加 1 的情况下，该层的梯度变化已经非常小。但如果方程式加 1，则模型可以增加梯度并使网络更容易训练。使得网络模型可以在正确的梯度方向上找到最佳收敛递进方式。

虽然更深的网络带来了更好的分类结果，但它们也带来了大量的网络参数。大量的网络参数不仅消耗更多的硬件资源，而且网络结构的实际利用率还不高。实际上某些层并不能有效地学习数据集的特征，可以有选择性地删除。在随机深度网络[133]中，发现训练过程中的每一层随机丢弃一些层，这可以显著提高网络模型的泛化能力。这表明跨层连接的神经网络结构不必是渐进的分层结构。也就是说，网络中的某个层不必通过紧邻的上层获得数据集的特征，可以根据其他上层提供的特征来学习数据集的特征。

对随机深度网络的分析可以发现，随机丢弃多层不影响算法的收敛，证明跳接网络结构仍然具有明显冗余。事实上情况也是如此，这说明网络中的每一层仅提取了少量数据集特征。经过训练的网络结构随机丢弃多个层，对数据集的预测结果影响不大。这表明每层的学习特性太小，通过减少冗余可以提高网络模型的效率。

5.2.2 多跳网络结构设计

本书采用了一种多跳级联网络结构形式，如图 5-7 所示。二维码彩图中蓝色输入层（Input）表示包括不同典型水声通信多普勒效应下的各种调制方式的水声通信信号数据集。预处理层（Pre-process）由 Conv+BN 组成。Conv 代表卷积网络层，BN 代表批量标准化层。

多跳层（Multi-hop）由 ReLU+Conv+Dropout 和 Concatenate 组成，如图 5-8 所示。ReLU 表示非线性激活函数层。Dropout 表示随机去激活层。Concatenate 表示多个跳层连接传递过来的学习到信息的聚合。

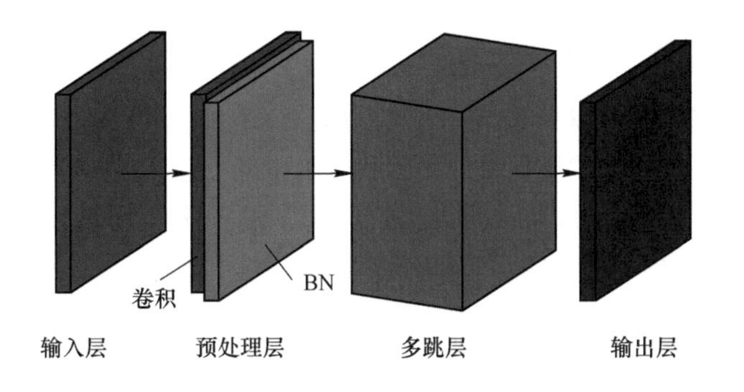

扫一扫查看彩图

图 5-7 级联多跳网络架构

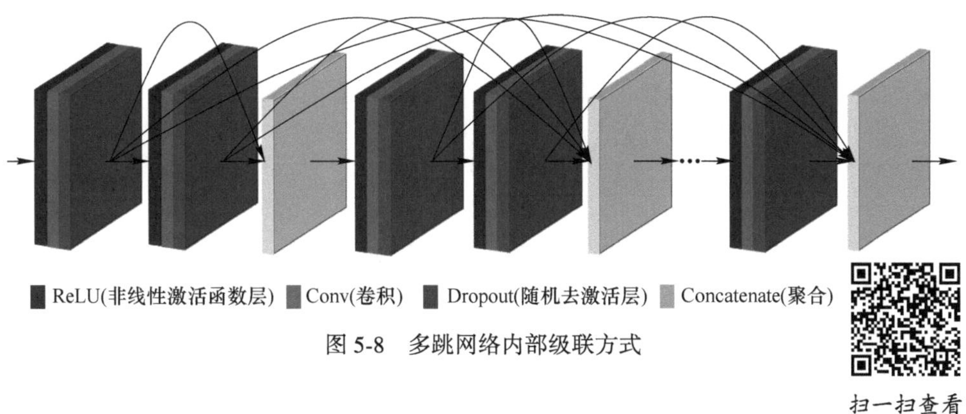

图 5-8 多跳网络内部级联方式

扫一扫查看彩图

5.2.2.1 多跳网络结构

在多跳网络结构中，后面各层以前几层的输出为输入，U 是跳层连接的总数。由于各层紧密相连，在学习的信号特征中，有一些前层传递过来的信息需要进一步深入提取调制分类特征。这种网络形式下，所有连接的层能够共享集体调制分类信息以充分利用各层学习到的信号特征。对应公式表示为：

$$\lambda = \sum_{u=1}^{U} \rho d_u \times 3 + 4 \tag{5-42}$$

式中，ρ 为多跳连接率，代表前后层有多少跳层互相连接；d_u 为前后层连接数。随着网络结构的不断加深，可以有效地抑制深海信道多普勒效应的影响，调制识别效果可以获得逐步提升。此外，各层输出的特征图数量较少，保证学习到的权重传递更合理地在跨层连接之间流动。这种连接形式提高了梯度传输的效率，克服了网络退化问题，并能够挖掘更多潜在的信号调制分类特征。

5.2.2.2 扩展感受野

扩展感受野规定每层中有多少学习到的信号信息对最终分类结果有贡献。当网络很深的时候，由于跳层连接使得网络层内传递信息的路径更短，可以获取更多学习到的信号特征信息用于准确识别。通过可扩展的操作，感受野的维度在每一层都在扩大。如果所提出的网络层每次产生 φ 个感受野，那么第$\mathcal{H}$层中的扩展感受野可以表示为：

$$\Phi = \sum_{\hbar=1}^{\mathcal{H}} \varphi_c \times (\hbar - 1) + \varphi_0 \tag{5-43}$$

式中，φ_0 为初始感受野；φ_c 为对应于第$\hbar$层的感受野，$\hbar=1, 2, \cdots, \mathcal{H}$。这意味着多跳网络的每层产生 φ 个特征图，其可以将特征图视为每层网络提取的信号分类信息。每一层都可以访问其先前的信号特征映射，并获得更多的集体调制分类信息。这种扩展的感受野方式可以更好地处理，受到深海信道下多普勒效应影响的调制信号的分类。逐步扩展的感受野在信号数据范围上可以囊括更多的学习信息，有利于处理多普勒效应造成的信号互相干扰导致的调制方式难以识别的问题。

5.3 实验分析

多普勒效应参数设置为水声通信常见的形式为 3×10^{-4} 和 5×10^{-3}，调制类型包括第 4 章的 9 种方式，为了进一步验证两种网络形式在深浅海信道下的识别效果，添加了 8FSK 调制方式，共 10 种。

5.3.1 基于时序网络的浅海仿真实验

考虑到过深的 GRU 网络形式的训练代价，特征提取能力及过度拟合信号数据等问题，采用堆叠 3 个 GRU 模块的网络形式即可有效完成水声信号调制方式识别。

5.3.1.1 GRU 网络不同随机去激活率表现

在浅海仿真实验中，GRU 网络中通过不同随机去激活率可以适应不同多普勒效应下的变化，并通过改变随机去激活率提升识别表现。

图 5-9（a）为多普勒效应参数在 3×10^{-4} 时 GRU 在不同随机平均化率（dropout rate）的状态下的识别表现。随着 dropout rate 的提高，网络识别效果在两种多普勒效应参数下均实现了显著提高。在 $-20\text{dB}<\text{SNR}<-10\text{dB}$ 范围内，各种 dropout rate 表现类似，相差不到 1%。当 SNR 上升到 $-10\sim-5$dB 范围时，dropout rate 为 30%和 40%时表现近似。当 dropout rate 为 50%时，比这两种 dropout rate 提升了近 2%。当 SNR>-5dB 时，dropout rate 为 50%分别比 30%和 40%识别效果提升了 3.9%和 1.5%，比 20%识别效果提升约 20%。当多普勒效应参数为 5×10^{-3}时，调制识别效果如图 5-9（b）所示。在 SNR<-10dB 时，不同 dropout rate 的识别效果相近。当 SNR>-10dB 时，dropout rate 为 50%分别比 20%、30%和 40%时提升了 18.1%、3.5%和 2.1%。可以看到 GRU 网络的 dropout rate 为 50%时在两种典型多普勒效应下效果最好。这是因为这种情况下随机生成最多的网络

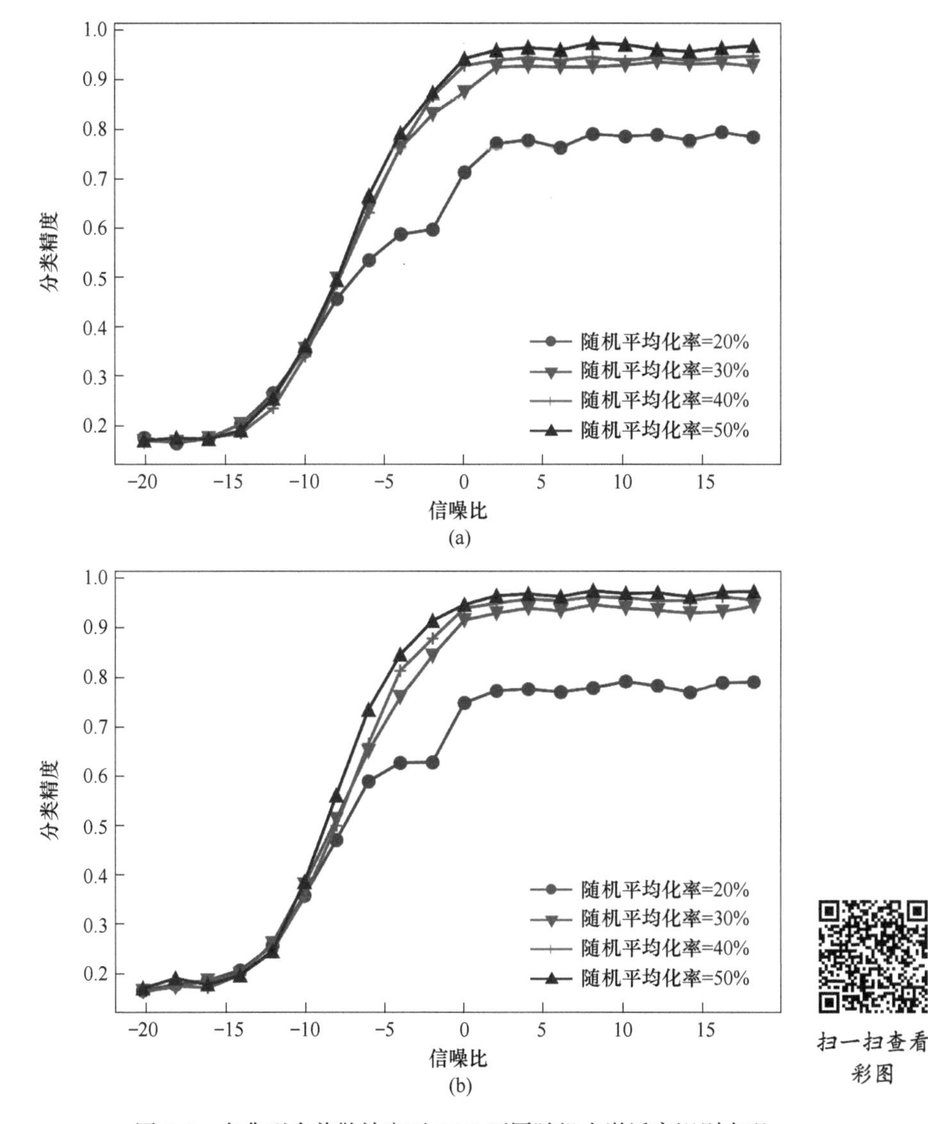

图 5-9 在典型多普勒效应下 GRU 不同随机去激活率识别表现

（a）多普勒效应参数 = 3×10^{-4}；（b）多普勒效应参数 = 5×10^{-3}

结构，可以更充分地学习数据集特征而降低过度拟合的问题。结果说明 GRU 网络通过设置合适的 dropout rate 对多普勒效应影响具有了更强的鲁棒性，能够实现多种调制方式的识别。

5.3.1.2 浅海具体调制方式识别效果

通过在典型 SNR 值下对调制分类识别效果的对比，可以更清晰地显示 GRU 网络模型在多普勒效应影响下的识别能力。

图 5-10 分别是在 SNR 为-6dB 和-2dB 时的各种调制方式具体识别情况。在 SNR 为-6dB 时，当多普勒参数从 5×10^{-3}降低到 3×10^{-4}到时，GRU 网络对 4FSK 和 8FSK 的识别效果分别提升了 41%和 42%。但是较难识别的 16QAM 和 32QAM 识别效果提升有限，主要是因为 16QAM 星座图是 32QAM 星座图的一个子集导致的。当 SNR 上升到-6dB 时，GRU 网络可以克服多普勒效应的影响，能够正确识别 4FSK 和 8FSK。这时，对 16QAM 和 32QAM 识别也有了提高，在两种多普勒效应参数下识别效果分别平均提升了 22.5%和 52.5%。

5.3.1.3 浅海信道下多种网络方法识别效果对比

在图 5-11 中显示了在浅海信道下多普勒效应参数在 3×10^{-4}和 5×10^{-3}下多种网络方法的调制识别分类效果。用于对比的网络包括 RNN，时序卷积网络 TCN (Temporal Convolutional Network)[134]，以及 RNN 的另一种常用变体形式长短期记忆神经网络 LSTM[100]。在 SNR<-12dB 下的较低信噪比范围内，GRU 在两种多普勒效应参数下较其他网络方法有一定优势，但是整体识别效果都在 20%以下。随着 SNR 升高到-12～-6dB 范围，GRU 在多普勒效应参数为 3×10^{-4}时比 RNN、TCN 和 LSTM 分别提高了约 16.1%、3.9%和 23.8%，在多普勒效应参数为 5×10^{-3}时比 RNN、TCN 和 LSTM 分别提高了约 23.5%、8.3%和 27.9%。在较低 SNR 范围内比其他网络方法有较高分类精度的原因是，GRU 网络中随机去激活技术的使用，消除了更多的浅海水声通信中的多普勒效应对信号调制识别的影响。当 SNR>-6dB 时，GRU 在这两种多普勒效应参数下平均比 RNN、TCN 和 LSTM 高约 41.5%、26.9%和 15.4%。本节使用的 GRU 网络模型具有更好的调制分类识别效果，同时显示了 GRU 网络模型对在浅海信道下多普勒效应影响有很好的适应能力，能够实现有效的调制方式识别。

5.3.2 基于多跳网络的深海仿真实验

5.3.2.1 多跳网络结构参数

在深海信道下的仿真实验中，通过不同多普勒效应条件下的网络组成形式，验证了本书设计的多跳网络模型需要使用的参数，说明了所设计网络模型的有效性。

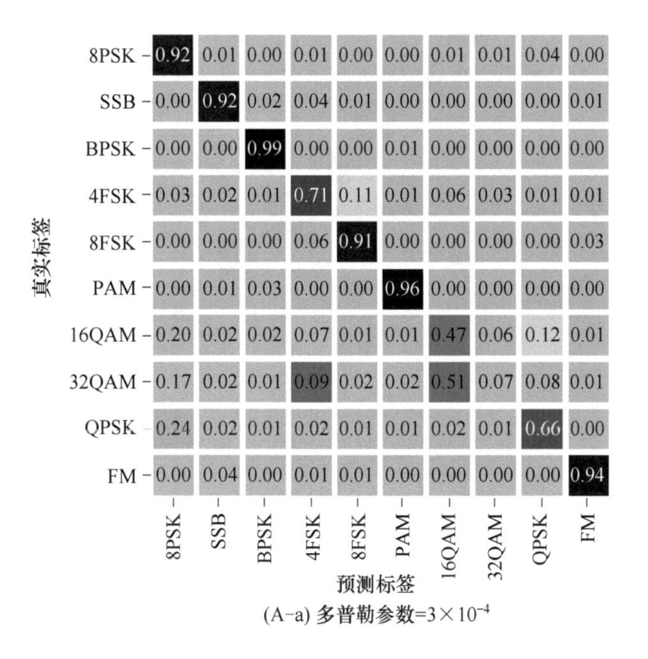

(A-a) 多普勒参数=3×10^{-4}

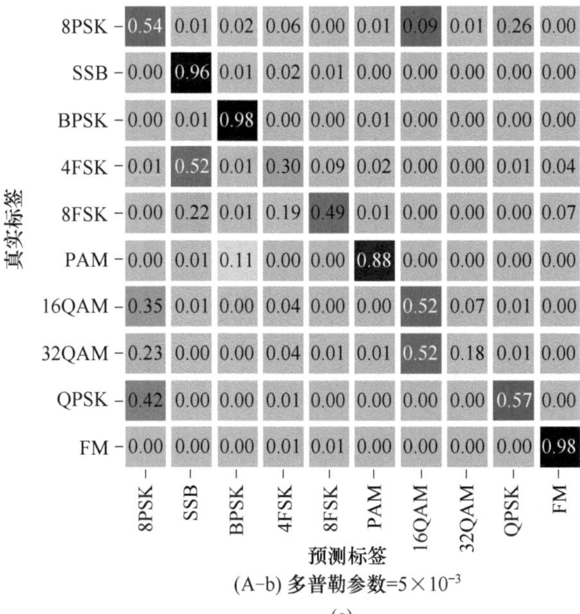

(A-b) 多普勒参数=5×10^{-3}

(a)

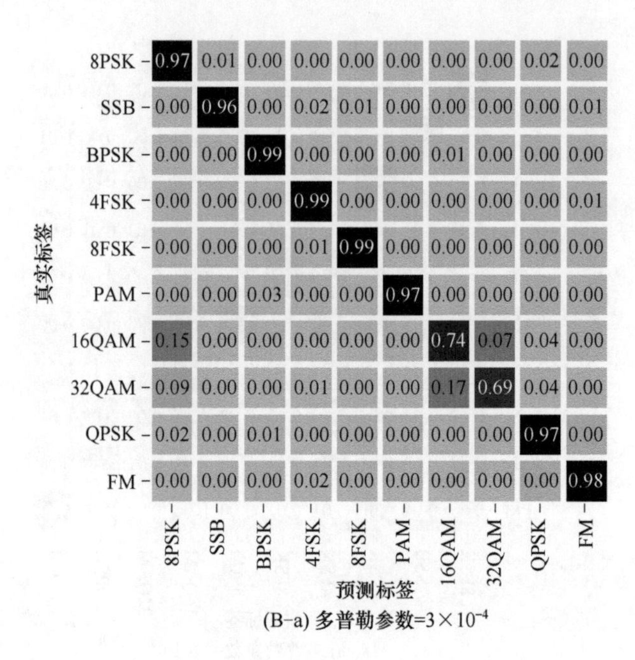

(B-a) 多普勒参数=3×10^{-4}

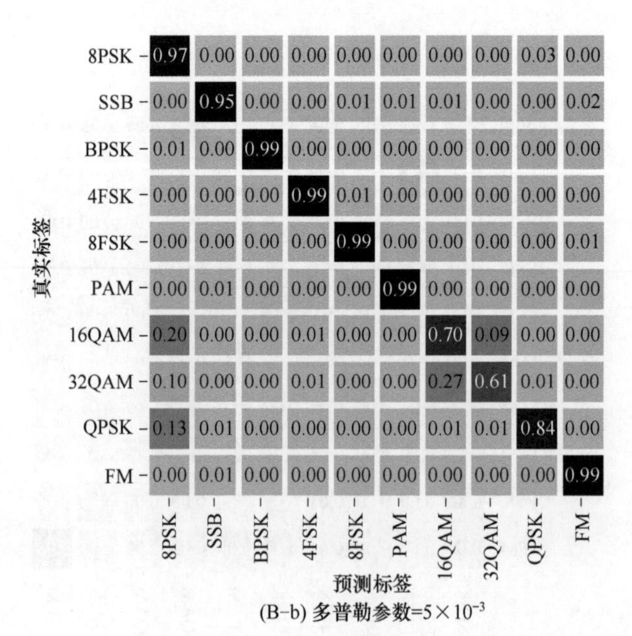

(B-b) 多普勒参数=5×10^{-3}

(b)

扫一扫查看彩图

图 5-10 在典型多普勒效应参数下浅海信道各种调制识别效果

(a) SNR = -6dB; (b) SNR = -2dB

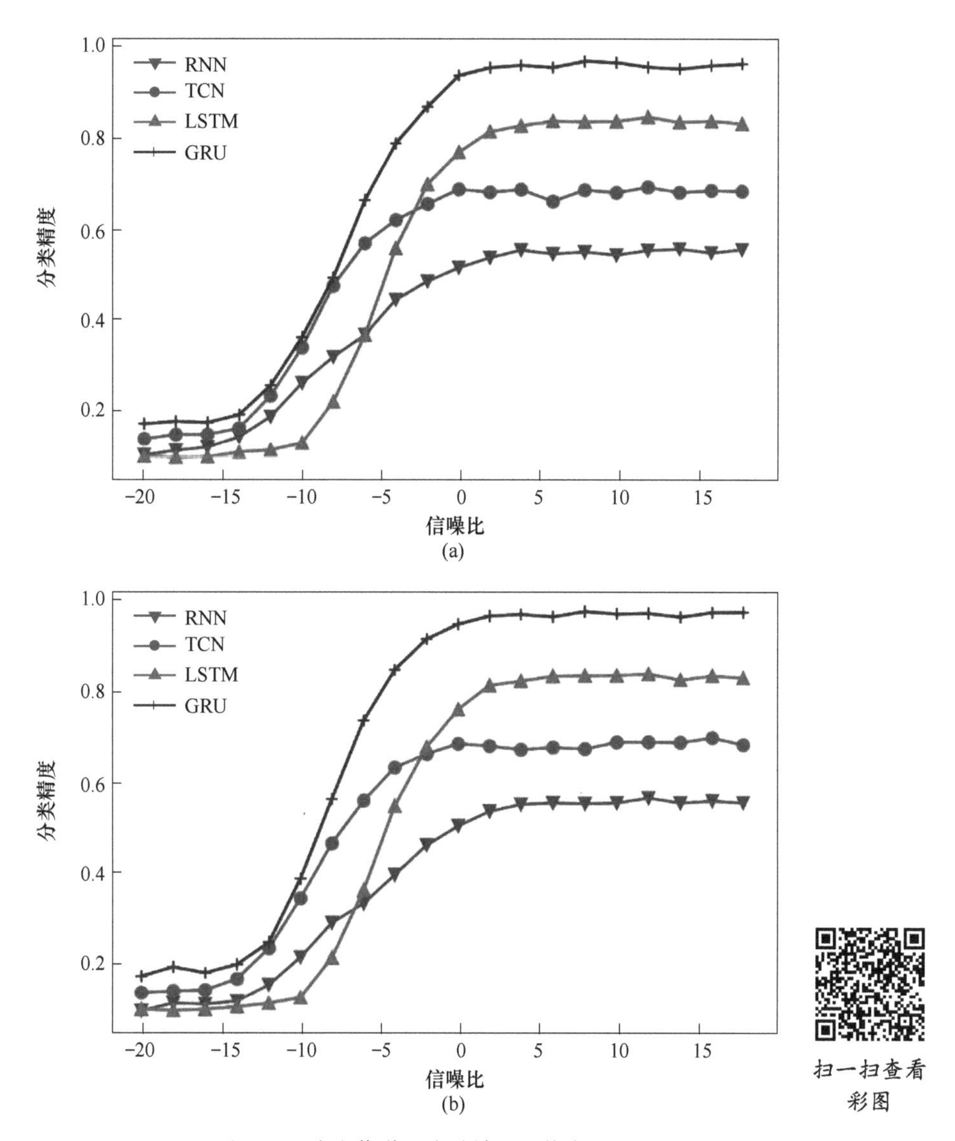

图 5-11 浅海信道下多种神经网络方法的对比

(a) 多普勒效应参数 = 3×10^{-4}；(b) 多普勒效应参数 = 5×10^{-3}

A 不同跳层连接率情况下多跳网络的识别性能

图 5-12 为多跳连接网络在两种典型多普勒频移参数下不同连接率（connection rate）的识别效果。在 SNR<-5dB 的情况下，在多普勒效应参数为 3×10^{-4}时，connection rate 为 50%和 100%时有近似识别效果，分别比 12.5%和 2.5%高约 1.8%和 1.4%。在相同 SNR 范围，多普勒频移参数为 5×10^{-3}时，不同

connection rate 下的识别结果相似。当 SNR>-5dB 时，多普勒效应参数为 3×10^{-4} 时 connection rate 在 50%和 100%的识别率接近，比连接率为 12.5%和 25%时分别提高了约 2.9%和 1.1%。在相同 SNR 范围，多普勒效应参数为 5×10^{-3} 时，连接率为 50%的识别效果最好，分别比 12.5%、25%和 100%的连接率高约 6.2%、1%和 2%。结果表明，多跳网络在内部层之间适当的短连接有利于识别效果的提升。还需要注意的是，过多的短连接并不能持续提高识别效果。这意味着只要在

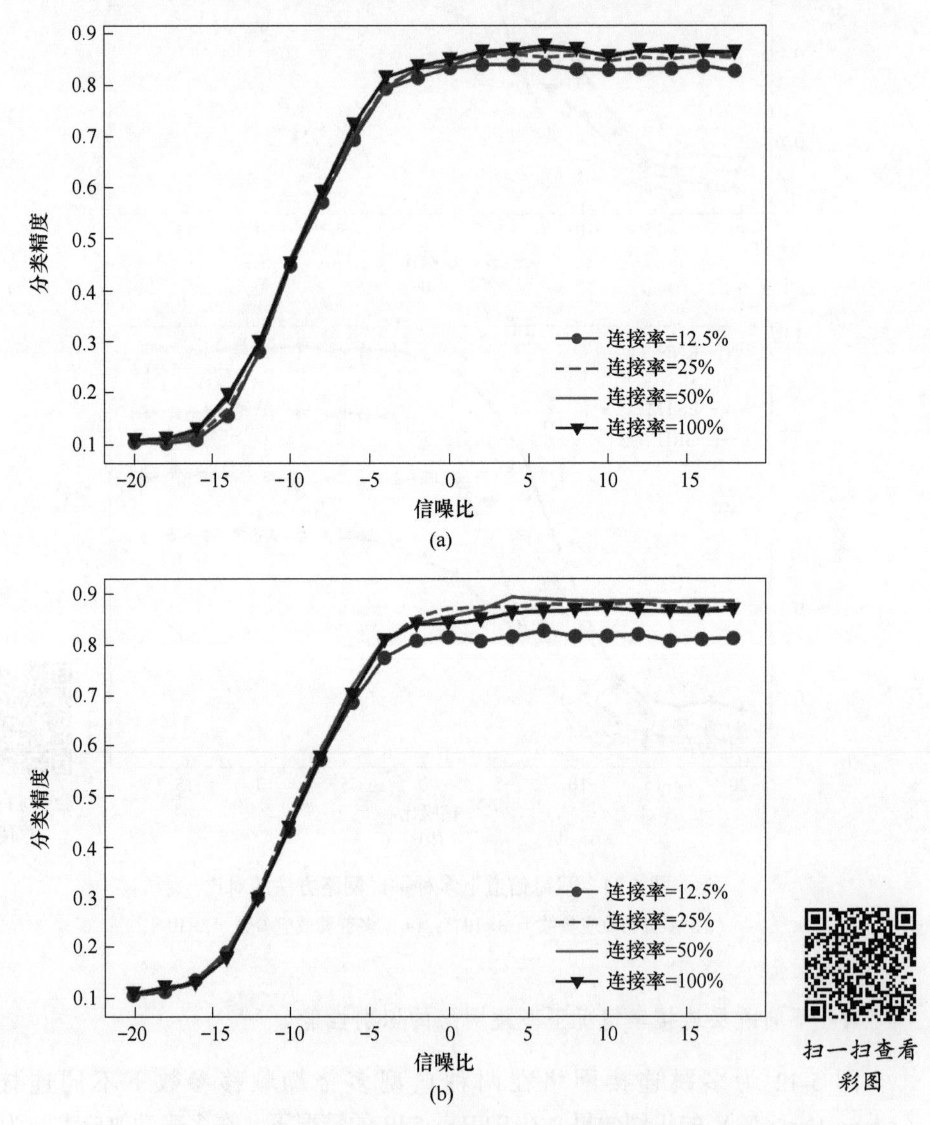

扫一扫查看彩图

图 5-12 两种典型多普勒效应参数下多跳网络不同连接率的识别效果对比

（a）多普勒效应参数 = 3×10^{-4}；（b）多普勒效应参数 = 5×10^{-3}

多层之间传输足够的信号特征，就可以获得良好的识别效果。同时，可以看到多跳网络可以克服浅海多普勒效应的影响，实现有效的多种调制方式的识别。

B 不同感受野范围下多跳网络的识别性能

因为多普勒效应参数的不同会导致信号调制方式的识别更加困难，需要通过调整感受野范围通过下层学习更多上层传递过来特征的方式来应对这种变化，从而更好地进行调制方式的识别。

图 5-13 是在两种典型多普勒效应参数下，多跳网络在不同的感受野范围（extension scope）下的识别效果。SNR 从-20~-10B，在多普勒效应参数为 3×10^{-4}下，4 种 extension scope 识别性能相近；在多普勒效应参数为 5×10^{-3}下，extension scope 为 40、80 和 100 的识别效果相差在 1%以内，extension scope 为 10 时比其他 3 种小 2%左右。随着 SNR 增加到-10~0dB，在多普勒效应参数为 3×10^{-4}下，感受野范围 80 平均比 10、40 和 100 增大约 4.5%、1.9%和 1.3%；在多普勒效应参数为 5×10^{-3}下，感受野范围 80 平均比 10、40 和 100 增大约 3.7%、2.1%和 1.7%。在 SNR>0dB 范围时，调制识别率随着 extension scope 的扩展而不断增长。在多普勒效应参数为 3×10^{-4}下，感受野范围 40、80 和 100 的识别效果相当，比感受野范围 10 的高出约 5.4%。在多普勒效应参数为 5×10^{-3}下，感受野范围 80 分别比 10、40 和 100 高出近 6%、3%和 2%。这说明 extension scope 的扩大可以在两种典型多普勒效应下实现多种调制方式有效识别。同时，可以看到当 extension scope 达到一定范围时，能够提供给多跳网络充足有效中间层学习到的调制分类信息时，识别性能即可达到较理想效果。

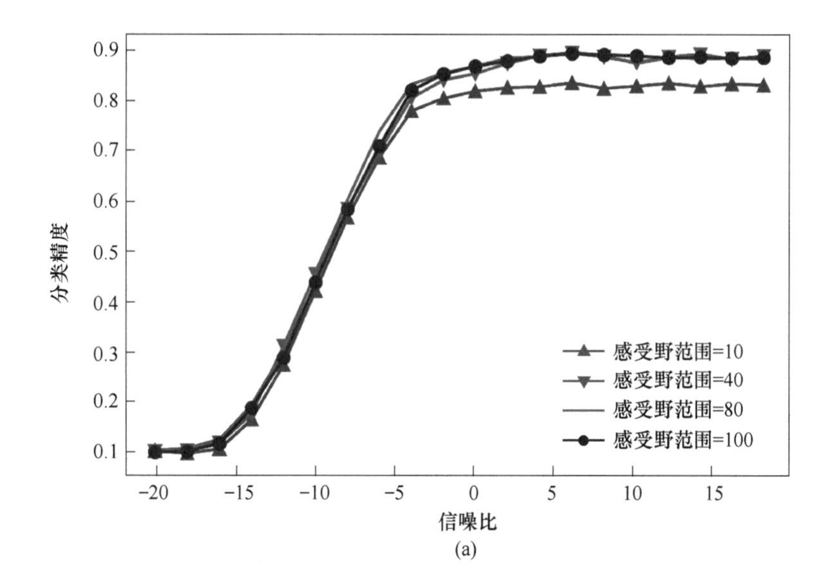

(a)

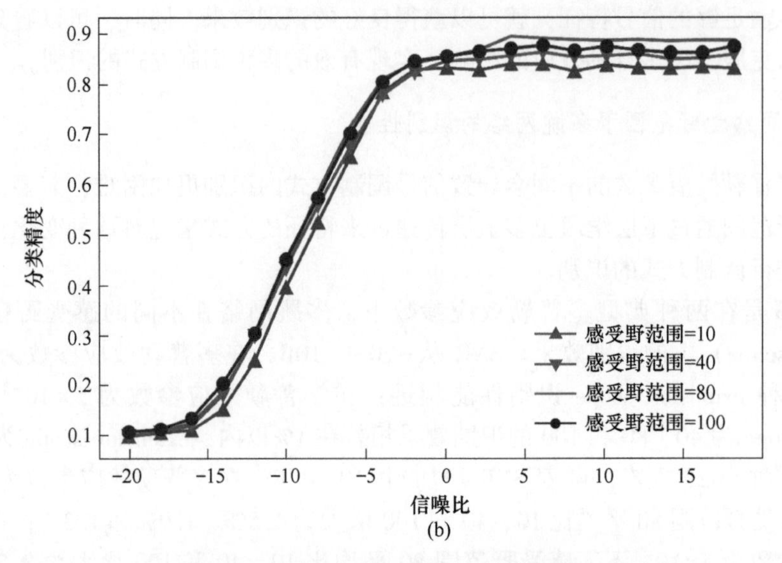

(b)

扫一扫查看彩图

图 5-13 不同感受野范围下网络模型的性能分析

（a）多普勒效应参数 = 3×10^{-4}；（b）多普勒效应参数 = 5×10^{-3}

5.3.2.2 深海信道下调制识别效果

下面从典型的 SNR 值来说明具体识别多种调制方式的结果，可以更直观地看出多跳网络的在不同多普勒效应影响下的识别效果。

在图 5-14 中，通过分析在典型的 SNR 值−4dB 和 2dB 下的具体调制方式识别表现，来说明在深海信道的两种多普勒效应影响下的多跳网络方法的有效性。在 SNR 为−4dB 时，在多普勒参数 3×10^{-4} 下 16QAM 被错误识别为 32QAM 达到 68%；反之，在多普勒参数 5×10^{-3} 下情况 32QAM 被错误识别为 16QAM 达到 78%。多普勒效应对 16QAM 和 32QAM 的识别产生了严重影响。同时，在这两种多普勒参数下，4FSK 和 8FSK 识别效果分别平均只有 71.5% 和 75.0%。当 SNR 上升到 2dB 时，识别效果有了明显提升。在多普勒参数 3×10^{-4} 下，16QAM 识别准确率提升了 49%；在多普勒参数 5×10^{-3} 下，32QAM 识别准确率提升了 58%。这时，在两种多普勒参数下，也可以正确区分出 4FSK 和 8FSK。说明了多跳网络模型可以克服多普勒效应的影响，有效地识别出通过深海信道传输的多种水声信号的调制方式。

5.3.2.3 深海信道下多种网络方法的识别效果对比

在图 5-15 中，给出了在两种典型多普勒效应参数下，多跳网络（MultihopNet）和其他网络方法的识别性能对比，包括 Evolvingdnn[135]、ShuffleNet[136] 和

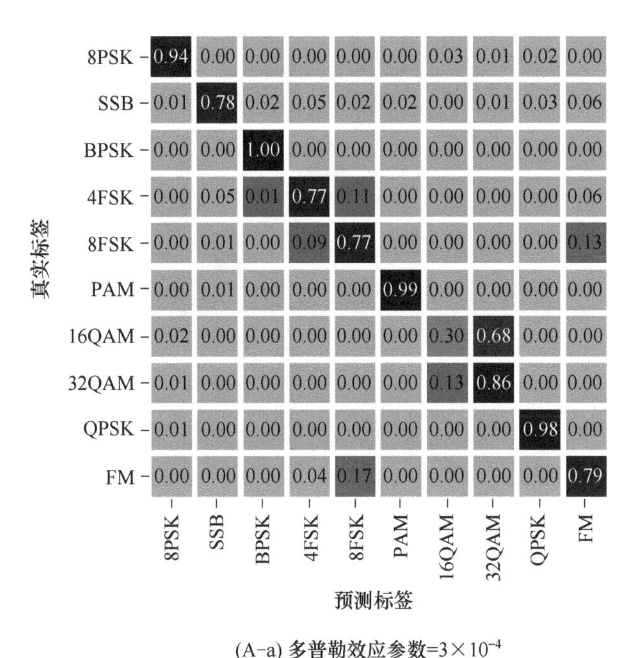

(A-a) 多普勒效应参数=3×10^{-4}

真实标签 \ 预测标签	8PSK	SSB	BPSK	4FSK	8FSK	PAM	16QAM	32QAM	QPSK	FM
8PSK	0.96	0.00	0.00	0.00	0.00	0.00	0.00	0.00	0.04	0.00
SSB	0.03	0.66	0.00	0.01	0.02	0.01	0.01	0.00	0.07	0.18
BPSK	0.00	0.00	1.00	0.00	0.00	0.00	0.00	0.00	0.00	0.00
4FSK	0.00	0.06	0.00	0.66	0.12	0.00	0.00	0.00	0.01	0.15
8FSK	0.00	0.01	0.00	0.08	0.73	0.00	0.00	0.00	0.00	0.18
PAM	0.00	0.01	0.00	0.00	0.00	0.99	0.00	0.00	0.00	0.00
16QAM	0.06	0.00	0.00	0.00	0.00	0.00	0.73	0.21	0.00	0.00
32QAM	0.02	0.00	0.00	0.00	0.00	0.00	0.78	0.19	0.01	0.00
QPSK	0.01	0.00	0.00	0.00	0.00	0.00	0.01	0.00	0.98	0.00
FM	0.00	0.01	0.00	0.04	0.10	0.00	0.00	0.00	0.00	0.85

(A-b) 多普勒效应参数=5×10^{-3}

(a)

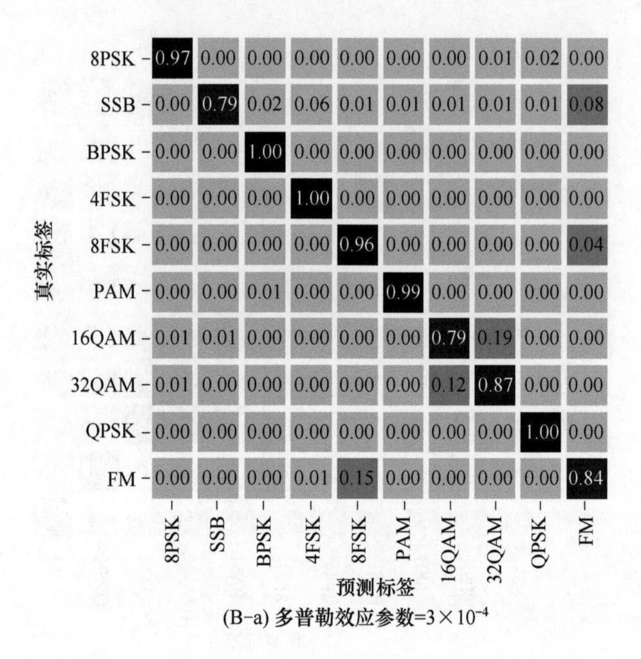

(B-a) 多普勒效应参数=3×10^{-4}

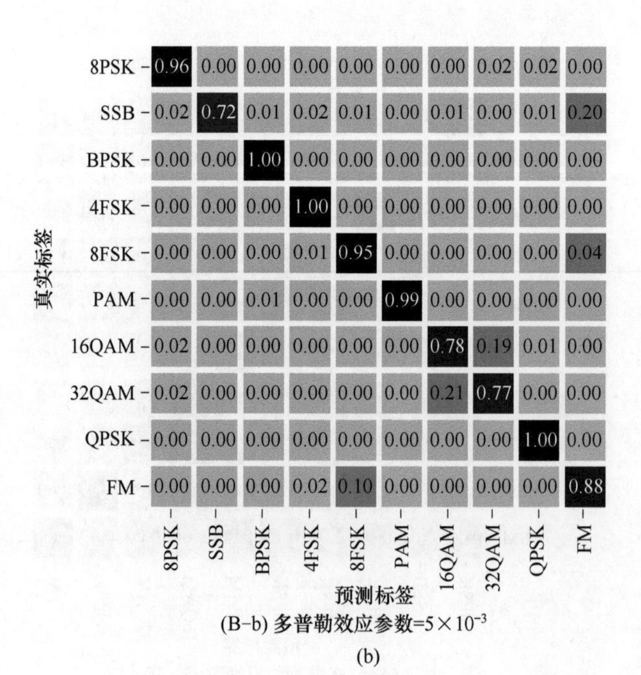

(B-b) 多普勒效应参数=5×10^{-3}

(b)

扫一扫查看彩图

图 5-14 在两种典型多普勒效应下深海信道调制识别效果

（a）SNR=-4dB；（b）SNR = 2dB

RescompNet[137]。其中 Evolvingdnn 是一种在结构上横向拓展的网络结构，ShuffleNet 是一种高效率内部连接的网络结构形式，RescompNet 是一种带有压缩处理层的网络结构形式。当 $-15\text{dB}<\text{SNR}<-6\text{dB}$ 时，MultihopNet 识别效果在多普勒频移参数为 3×10^{-4} 时分别比 Evolvingdnn、ShuffleNet 和 RescompNet 高约 21.3%、14.1%和 10.4%；在多普勒频移参数为 5×10^{-3} 时分别比 Evolvingdnn、ShuffleNet 和 RescompNet 高约 14.7%、10.3% 和 21.9%。在 $\text{SNR} > -6\text{dB}$ 时，MultihopNet 识别效果持续提升，并没有受到多普勒效应的影响。MultihopNet 在

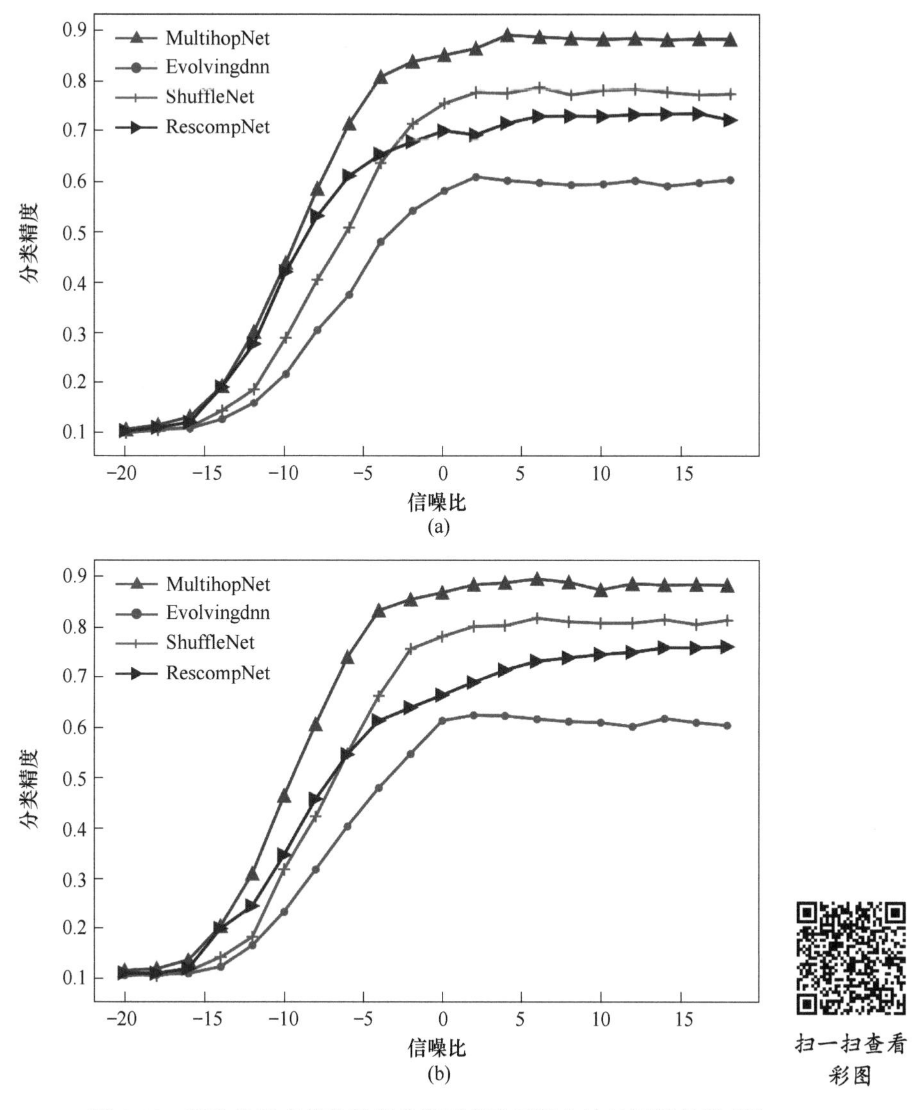

图 5-15 两种典型多普勒效应参数下多种网络方法的识别效果对比

(a) 多普勒效应参数 = 3×10^{-4}；(b) 多普勒效应参数 = 5×10^{-3}

两种多普勒效应参数下分别比 Evolvingdnn、ShuffleNet 和 RescompNet 高约 28.5%、10.3%和 15.7%。实验结果表明，与传统网络相比，多跳网络具有更好的识别性能，这得益于利用跨层连接的网络结构和可扩展的感受野传输了更有效的调制分类特征，并能够抵御深海信道下的多普勒效应的影响，该网络是区分多种调制方式的最优信号特征提取器。

5.4 本章小结

本章通过对深浅海信道使用不同的网络结构设计形式，完成了在多普勒效应影响下多种调制方式高效识别。在浅海信道下，使用了 GRU 时序网络结构解决了 RNN 常见的梯度弥散问题。因为该结构可以处理更长序列的信号信息，所以更适合解决水声通信中多普勒效应产生的信号互相影响的调制识别问题。同时采用了随机去激活 Dropout 技术有效防止了 GRU 时序网络容易发生过拟合的问题。对于深海信道的多普勒效应影响，则使用了多跳网络结构形式，克服了网络结构层级过多时带来的网络模型退化问题。多跳连接网络结构形式，使得参数在各层之间更加合理地传输和权值共享。同时，逐层可扩展感受野的形式能够更好地克服多普勒效应带来的影响。经过仿真实验验证了多跳网络形式可以在深海信道多普勒效应的影响下，进行多种调制方式的高效识别。

参考文献

[1] Li Y, Zhang Y, Li W, et al. Marine wireless big data: Efficient transmission, related applications, and challenges [J]. IEEE Wireless Communications, 2018, 25 (1): 19-25.

[2] Stojanovic M, Preisig J. Underwater acoustic communication channels: Propagation models and statistical characterization [J]. IEEE communications magazine, 2009, 47 (1): 84-89.

[3] Chen Z, Wang J, Zheng Y R. Frequency-domain turbo equalization with iterative channel estimation for mimo underwater acoustic communications [J]. IEEE Journal of Oceanic Engineering, 2017, 42 (3): 711-721.

[4] Palmeiro A, Martin M, Crowther I, et al. Underwater radio frequency communications [J]. OCEANS 2011 IEEE-Spain. IEEE, 2011: 1-8.

[5] Fasham S, Dunn S. Developments in subsea wireless communications [J]. 2015 IEEE Underwater Technology (UT) . IEEE, 2015: 1-5.

[6] Khalighi M A, Gabriel C, Hamza T, et al. Underwater wireless optical communication; recent advances and remaining challenges [J]. 2014 16th International Conference on Transparent Optical Networks (ICTON) . IEEE, 2014: 1-4.

[7] Wang C, Yu H Y, Zhu Y J. A long distance underwater visible light communication system with single photon avalanche diode [J]. IEEE Photonics Journal, 2016, 8 (5): 1-11.

[8] Che X, Wells I, Dickers G, et al. Re-evaluation of RF electromagnetic communication in underwater sensor networks [J]. IEEE Communications Magazine, 2010, 48 (12): 143-151.

[9] Stojanovic M. Recent advances in high-speed underwater acoustic communications [J]. IEEE Journal of Oceanic Engineering, 1996, 21 (2): 125-136.

[10] Akyildiz I F, Pompili D, Melodia T. Underwater acoustic sensor networks: research challenges [J]. Ad hoc networks, 2005, 3 (3): 257-279.

[11] Freitag L, Stojanovic M, Kilfoyle D, et al. High-rate phase-coherent acoustic communication: A review of a decade of research and a perspective on future challenges [J]. Proc. 7th European Conf. on Underwater Acoustics. Citeseer, 2004: 111-117.

[12] Chitre M, Shahabudeen S, Freitag L, et al. Recent advances in underwater acoustic communications & networking [J]. OCEANS 2008. IEEE, 2008: 1-10.

[13] Singer A C, Nelson J K, Kozat S S. Signal processing for underwater acoustic communications [J]. IEEE Communications Magazine, 2009, 47 (1): 90-96.

[14] Kilfoyle D B, Baggeroer A B. The state of the art in underwater acoustic telemetry [J]. IEEE Journal of oceanic engineering, 2000, 25 (1): 4-27.

[15] Hwang S J, Schniter P. Efficient multicarrier communication for highly spread underwater acoustic channels [J]. IEEE Journal on Selected Areas in Communications, 2008, 26 (9): 1674-1683.

[16] Zhang G, Hovem J M, Dong H, et al. Experimental studies of underwater acoustic communications over multipath channels [J]. 2010 Fourth International Conference on Sensor Technologies and Applications. IEEE, 2010: 458-461.

[17] Liu C, Zakharov Y V, Chen T. Doubly selective underwater acoustic channel model for a moving transmitter/receiver [J]. IEEE Transactions on Vehicular Technology, 2012, 61 (3): 938-950.

[18] Edelmann G, Hodgkiss W, Kim S, et al. Underwater acoustic communication using time reversal [J]. MTS/IEEE Oceans 2001. An Ocean Odyssey. Conference Proceedings (IEEE Cat. No. 01CH37295), IEEE, 2001, 4: 2231-2235.

[19] Stojanovic M. Underwater acoustic communications: Design considerations on the physical layer [J]. Fifth Annual Conference on Wireless on Demand Network Systems and Services, 2008: 1-10.

[20] Mason S F, Berger C R, Zhou S, et al. Detection, synchronization, and doppler scale estimation with multicarrier waveforms in underwater acoustic communication [J]. IEEE Journal on Selected Areas in Communications, 2008, 26 (9): 1638-1649.

[21] Berger C R, Zhou S, Preisig J C, et al. Sparse channel estimation for multicarrier underwater acoustic communication: From subspace methods to compressed sensing [J]. OCEANS 2009-EUROPE. IEEE, 2009: 1-8.

[22] Lugli M, Fine M L. Acoustic communication in two freshwater gobies: ambient noise and short-range propagation in shallow streams [J]. The Journal of the Acoustical Society of America, 2003, 114 (1): 512-521.

[23] Lanbo L, Shengli Z, Jun-Hong C. Prospects and problems of wireless communication for underwater sensor networks [J]. Wireless Communications and Mobile Computing, 2008, 8 (8): 977-994.

[24] Panaro J S, Lopes F R, Barreira L M, et al. Underwater acoustic noise model for shallow water communications [J]. Brazilian telecommunication symposium, 2012: 84-88.

[25] Dobre O A, Abdi A, Bar-Ness Y, et al. Survey of automatic modulation classification techniques: classical approaches and new trends [J]. IET communications, 2007, 1 (2): 137-156.

[26] De Vito L, Rapuano S, Villanacci M. An improved method for the automatic digital modulation classification [J]. 2008 IEEE Instrumentation and Measurement Technology Conference. IEEE, 2008: 1441-1446.

[27] Phukan G J, Bora P. An algorithm to mitigate channel distortion in blind modulation classification [J]. 2013 National Conference on Communications (NCC). IEEE, 2013: 1-5.

[28] Cabric D. Addressing feasibility of cognitive radios [J]. IEEE Signal Processing Magazine, 2008, 25 (6): 85-93.

[29] Xu J L, Su W, Zhou M. Software-defined radio equipped with rapid modulation recognition [J]. IEEE Transactions on Vehicular Technology, 2010, 59 (4): 1659-1667.

[30] Wang B, Liu K R. Advances in cognitive radio networks: A survey [J]. IEEE Journal of selected topics in signal processing, 2011, 5 (1): 5-23.

[31] Zhu Z, Nandi A K. Automatic modulation classification: principles, algorithms and applications [J]. John Wiley & Sons, 2014: 1-10.

[32] Chavali V G, Da Silva C R. Maximum-likelihood classification of digital amplitude-phase modulated signals in flat fading non-gaussian channels [J]. IEEE Transactions on Communications, 2011, 59 (8): 2051-2056.

[33] Hazza A, Shoaib M, Alshebeili S A, et al. An overview of feature-based methods for digital modulation classification [J]. 2013 1st International Conference on Communications, Signal Processing and their Applications (ICCSPA) . IEEE, 2013: 1-6.

[34] Deng L, Yu D, et al. Deep learning: methods and applications [J]. Foundations and Trends in Signal Processing, 2014, 7 (3/4): 197-387.

[35] Schmidhuber J. Deep learning in neural networks: An overview [J]. Neural networks, 2015, 61: 85-117.

[36] LeCun Y, Bengio Y, Hinton G. Deep learning [J]. Nature, 2015, 521 (7553): 436.

[37] Li R. Modulation classification and parameter estimation in wireless networks [J]. Dissertations and Theses-Gradworks, 2012: 16-20.

[38] Wei W, Mendel J M. Maximum-likelihood classification for digital amplitude-phase modulations [J]. IEEE transactions on Communications, 2000, 48 (2): 189-193.

[39] Su W, Xu J L, Zhou M. Real-time modulation classification based on maximum likelihood [J]. IEEE Communications Letters, 2008, 12 (11): 801-803.

[40] Shi Q, Karasawa Y. Noncoherent maximum likelihood classification of quadrature amplitude modulation constellations: Simplification, analysis and extension [J]. IEEE Transactions on Wireless Communications, 2011, 10 (4): 1312-1322.

[41] Polydoros A, Kim K. On the detection and classification of quadrature digital modulations in broad-band noise [J]. IEEE Transactions on Communications, 1990, 38 (8): 1199-1211.

[42] Hong L, Ho K. Bpsk and qpsk modulation classification with unknown signal level [J]. MILCOM 2000 Proceedings. 21st Century Military Communications. Architectures and Technologies for Information Superiority (Cat. No. 00CH37155), IEEE, 2000, 2: 976-980.

[43] Huan C Y, Polydoros A. Likelihood methods for mpsk modulation classification [J]. IEEE Transactions on Communications, 1995, 43 (2/3/4): 1493-1504.

[44] Long C, Chugg K, Polydoros A. Further results in likelihood classification of qam signals [J]. Proceedings of MILCOM' 94. IEEE, 1994: 57-61.

[45] Abdi A, Dobre O A, Choudhry R, et al. Modulation classification in fading channels using antenna arrays [J]. IEEE MILCOM 2004. Military Communications Conference, IEEE, 2004, 1: 211-217.

[46] Roberts S J, Penny W D. Variational bayes for generalized autoregressive models [J]. IEEE Transactions on Signal Processing, 2002, 50 (9): 2245-2257.

[47] Panagiotou P, Anastasopoulos A, Polydoros A. Likelihood ratio tests for modulation classification [J]. MILCOM 2000 Proceedings. 21st Century Military Communications. Architectures and Technologies for Information Superiority (Cat. No. 00CH37155), IEEE, 2000, 2: 670-674.

[48] Hameed F, Dobre O A, Popescu D C. On the likelihood-based approach to modulation

classification [J]. IEEE Transactions on Wireless Communications, 2009, 8 (12): 5884-5892.

[49] Conover W J. Practical nonparametric statistics [J]. 1980: 13-33.

[50] Wang F, Wang X. Fast and robust modulation classification via kolmogorov-smirnov test [J]. IEEE Transactions on Communications, 2010, 58 (8): 2324-2332.

[51] Azzouz E E, Nandi A K. Automatic identification of digital modulation types [J]. Signal Processing, 1995, 47 (1): 55-69.

[52] Boudreau D, Dubuc C, Patenaude F, et al. A fast automatic modulation recognition algorithm and its implementation in a spectrum monitoring application [J]. MIL-COM 2000 Proceedings. 21st Century Military Communications. Architectures and Technologies for Information Superiority (Cat. No. 00CH37155), IEEE, 2000, 2: 732-736.

[53] Ho K, Prokopiw W, Chan Y. Modulation identification by the wavelet transform [J]. Proceedings of MILCOM' 95, IEEE, 1995, 2: 886-890.

[54] Hassan K, Dayoub I, Hamouda W, et al. Automatic modulation recognition using wavelet transform and neural networks in wireless systems [J]. EURASIP Journal on Advances in Signal Processing, 2010: 42.

[55] Mihandoost S, Amirani M C. Automatic modulation classification using combination of wavelet transform and garch model [J]. 2016 International Symposium on Telecommunications (IST). IEEE, 2016: 484-488.

[56] Hipp J E. Modulation classification based on statistical moments [J]. MILCOM 1986-IEEE Military Communications Conference: Communications-Computers: Teamed for the 90' s, IEEE, 1986, 2: 20-27.

[57] Swami A, Sadler B M. Hierarchical digital modulation classification using cumulants [J]. IEEE Transactions on communications, 2000, 48 (3): 416-429.

[58] Wu H C, Saquib M, Yun Z. Novel automatic modulation classification using cumulant features for communications via multipath channels [J]. IEEE Transactions on Wireless Communications, 2008, 7 (8): 3098-3105.

[59] Pedzisz M, Mansour A. Automatic modulation recognition of mpsk signals using constellation rotation and its 4th order cumulant [J]. Digital Signal Processing, 2005, 15 (3): 295-304.

[60] Spooner C M. On the utility of sixth-order cyclic cumulants for rf signal classification [J]. Conference Record of Thirty-Fifth Asilomar Conference on Signals, Systems and Computers (Cat. No. 01CH37256), IEEE, 2001, 1: 890-897.

[61] Su W. Feature space analysis of modulation classification using very high-order statistics [J]. IEEE Communications Letters, 2013, 17 (9): 1688-1691.

[62] Dobre O A, Abdi A, Bar-Ness Y, et al. Cyclostationarity-based modulation classification of linear digital modulations in flat fading channels [J]. Wireless Personal Communications, 2010, 54 (4): 699-717.

[63] Dobre O A, Rajan S, Inkol R. Joint signal detection and classification based on first-order cyclostationarity for cognitive radios [J]. EURASIP Journal on Advances in Signal Processing,

2009：7.

[64] Dobre O A，Oner M，Rajan S，et al. Cyclostationarity-based robust algorithms for qam signal identification [J]. IEEE Communications Letters，2012，16 (1)：12-15.

[65] Yang H，Shen S，Xiong J，et al. Modulation recognition of underwater acoustic communication signals based on denoting & deep sparse autoencoder [J]. INTER-NOISE and NOISE-CON Congress and Conference Proceedings，Institute of Noise Control Engineering，2016，253 (3)：5506-5511.

[66] Lida D，Shilian W，Wei Z. Modulation classification of underwater acoustic communication signals based on deep learning [J]. 2018 OCEANS-MTS/IEEE Kobe Techno-Oceans (OTO) . IEEE，2018：1-4.

[67] Zhou Q. DL use in the acoustic communication [J]. 2017 IEEE/CIC International Conference on Communications in China (ICCC)，2017：117-126.

[68] Kim B，Kim J，Chae H，et al. Deep neural network-based automatic modulation classification technique [J]. 2016 International Conference on Information and Communication Technology Convergence (ICTC) . IEEE，2016：579-582.

[69] Mendis G J，Wei J，Madanayake A. Deep learning-based automated modulation classification for cognitive radio [J]. 2016 IEEE International Conference on Communication Systems (ICCS) . IEEE，2016：1-6.

[70] O' Shea T J，Pemula L，Batra D，et al. Radio transformer networks：Attention models for learning to synchronize in wireless systems [J]. 2016 50th Asilomar Conference on Signals，Systems and Computers. IEEE，2016：662-666.

[71] Lee J，Kim J，Kim B，et al. Robust automatic modulation classification technique for fading channels via deep neural network [J]. Entropy，2017，19 (9)：454.

[72] Zhu X，Fujii T. Modulation classification for cognitive radios using stacked denoising autoencoders [J]. International Journal of Satellite Communications and Networking，2017，35 (5)：517-531.

[73] Liu X，Zhao C，Wang P，et al. Blind modulation classification algorithm based on machine learning for spatially correlated mimo system [J]. IET Communications，2016，11 (7)：1000-1007.

[74] Peng S，Jiang H，Wang H，et al. Modulation classification using convolutional neural network based deep learning model [J]. 2017 26th Wireless and Optical Communication Conference (WOCC) . IEEE，2017：1-5.

[75] Wang D，Zhang M，Li J，et al. Intelligent constellation diagram analyzer using convolutional neural network-based deep learning [J]. Optics express，2017，25 (15)：17150-17166.

[76] Lin Y，Tu Y，Dou Z，et al. The application of deep learning in communication signal modulation recognition [J]. 2017 IEEE/CIC International Conference on Communications in China (ICCC) . IEEE，2017：1-5.

[77] Rajendran S，Meert W，Giustiniano D，et al. Deep learning models for wireless signal classification with distributed low-cost spectrum sensors [J]. IEEE Transactions on Cognitive

Communications and Networking, 2018, 4 (3): 433-445.

[78] Dörner S, Cammerer S, Hoydis J, et al. Deep learning based communication over the air [J]. IEEE Journal of Selected Topics in Signal Processing, 2018, 12 (1): 132-143.

[79] Karra K, Kuzdeba S, Petersen J. Modulation recognition using hierarchical deep neural networks [J]. 2017 IEEE International Symposium on Dynamic Spectrum Access Networks (DySPAN). IEEE, 2017: 1-3.

[80] Yongshi W, Jie G, Hao L, et al. Cnnbased modulation classification in the complicated communication channel [J]. 2017 13th IEEE International Conference on Electronic Measurement & Instruments (ICEMI). IEEE, 2017: 512-516.

[81] Zhang D, Ding W, Zhang B, et al. Automatic modulation classification based on deep learning for unmannedaerial vehicles [J]. Sensors, 2018, 18 (3): 924.

[82] Xu Y, Li D, Wang Z, et al. A deep learning method based on convolutional neural network for automatic modulation classification of wireless signals [J]. International Conference on Machine Learning and Intelligent Communications. Springer, 2017: 373-381.

[83] Liu X, Yang D, El Gamal A. Deep neural network architectures for modulation classification [J]. 2017 51st Asilomar Conference on Signals, Systems, and Computers. IEEE, 2017: 915-919.

[84] Szegedy C, Liu W, Jia Y, et al. Going deeper with convolutions [J]. Proceedings of the IEEE conference on computer vision and pattern recognition, 2015: 1-9.

[85] Hinton G E, Srivastava N, Krizhevsky A, et al. Improving neural networks by preventing coadaptation of feature detectors [J]. arXiv preprint arXiv: 1207.0580, 2012: 1-18.

[86] Glorot X, Bordes A, Bengio Y. Deep sparse rectifier neural networks [J]. Proceedings of the fourteenth international conference on artificial intelligence and statistics, 2011: 315-323.

[87] He K, Zhang X, Ren S, et al. Deep residual learning for image recognition [J]. Proceedings of the IEEE conference on computer vision and pattern recognition, 2016: 770-778.

[88] 孙宗鑫，于洋，周锋，等．不同海底地形下海洋信道对水声通信的影响 [J]．哈尔滨工程大学学报，2015 (5): 38-42.

[89] 杨坤德，李辉，段睿．深海声传播信道和目标被动定位研究现状 [J]．中国科学院院刊，2019, 34 (3): 314-320.

[90] Chitre M. A high-frequency warm shallow water acoustic communications channel model and measurements [J]. The Journal of the Acoustical Society of America, 2007, 122 (5): 2580-2586.

[91] Istepanian R S, Stojanovic M. Underwater Acoustic Digital Signal Processing and Communication Systems [J]. USA: Kluwer Academic Publishers, 2002: 6-7.

[92] Jensen F B, Kuperman W A, Porter M B, et al. Computational ocean acoustics [J]. Springer Science & Business Media, 2011: 65-70.

[93] Proakis J G, Salehi M. Digital communications [J]. McGraw-hill New York, 2001, 4: 148-157.

[94] Zhang Y, Zakharov Y V, Li J. Soft-decision-driven sparse channel estimation and turbo

equalization for mimo underwater acoustic communications [J]. IEEE Access, 2018, 6: 4955-4973.

[95] Bejjani E, Belfiore J C. Multicarrier coherent communications for the underwater acoustic channel [J]. OCEANS 96 MTS/IEEE Conference Proceedings. The Coastal Ocean-Prospects for the 21st Century, IEEE, 1996, 3: 1125-1130.

[96] Hornik K, Stinchcombe M, White H. Multilayer feedforward networks are universal approximators [J]. Neural networks, 1989, 2 (5): 359-366.

[97] Jiang W H, Tong F, Dong Y Z, et al. Modulation recognition of non-cooperation underwater acoustic communication signals using principal component analysis [J]. Applied Acoustics, 2018, 138: 209-215.

[98] Burse K, Yadav R N, Shrivastava S. Channel equalization using neural networks: A review [J]. IEEE transactions on systems, man, and cybernetics, Part C (Applications and Reviews), 2010, 40 (3): 352-357.

[99] Ye H, Li G Y, Juang B H. Power of deep learning for channel estimation and signal detection in ofdm systems [J]. IEEE Wireless Communications Letters, 2018, 7 (1): 114-117.

[100] Greff K, Srivastava R K, Koutnik J, et al. Lstm: A search space odyssey [J]. IEEE Transactions on Neural Networks and Learning Systems, 2015, 28 (10): 2222-2232.

[101] Gulcehre C, Moczulski M, Denil M, et al. Noisy activation functions [J]. International conference on machine learning, 2016: 3059-3068.

[102] Srivastava N, Hinton G, Krizhevsky A, et al. Dropout: a simple way to prevent neural networks from overfitting [J]. The Journal of Machine Learning Research, 2014, 15 (1): 1929-1958.

[103] Wang Z, Bovik A C. Mean squared error: Love it or leave it a new look at signal fidelity measures [J]. IEEE signal processing magazine, 2009, 26 (1): 98-117.

[104] Bottou L. Large-scale machine learning with stochastic gradient descent [J]. Proceedings of COMPSTAT' 2010. Springer, 2010: 177-186.

[105] Zeiler M D. Adadelta: an adaptive learning rate method [J]. arXiv preprint arXiv: 1212. 5701, 2012: 1-6.

[106] Dauphin Y, De Vries H, Chung J, et al. Rmsprop and equilibrated adaptive learning rates for non-convex optimization. arXiv 2015 [J]. arXiv preprint arXiv: 1502. 04390, 2015: 1-9.

[107] Kingma D P, Ba J. Adam: A method for stochastic optimization [J]. arXiv preprint arXiv: 1412. 6980, 2014: 1-15.

[108] Keskar N S, Mudigere D, Nocedal J, et al. On large-batch training for deep learning: Generalization gap and sharp minima [J]. arXiv preprint arXiv: 1609. 04836, 2016: 1-16.

[109] Xiao Y, Yin F L. Blind equalization based on rls algorithm using adaptive forgetting factor for underwater acoustic channel [J]. China Ocean Engineering, 2014, 28 (3): 401-408.

[110] Bloessl B, Segata M, Sommer C, et al. An ieee 802. 11 a/g/p ofdm receiver for gnuradio [J]. Proceedings of the second workshop on Software radio implementation forum. ACM, 2013: 9-16.

[111] Simonyan K, Zisserman A. Very deep convolutional networks for large-scale image recognition [J]. arXiv preprint arXiv：1409. 1556, 2014：1-14.

[112] Haykin S S, et al. Neural networks and learning machines [J]. Pearson Upper Saddle River, 2009, 3：10-23.

[113] Tan M, Le Q V. Efficientnet：Rethinking model scaling for convolutional neural networks [J]. arXiv preprint arXiv：1905. 11946, 2019：1-10.

[114] Iandola F N, Han S, Moskewicz M W. SqueezeNet：AlexNet-level accuracy with 50x fewer parameters and <0. 5μB model size [J]. arXiv preprint arXiv：1602. 07360, 2016：1-13.

[115] Jie H, Li S, Samuel A, et al. Squeeze-and-excitation networks [J]. arXiv preprint arXiv：1709. 01507, 2017：1-10.

[116] Chenxi L, Barret Z, Maxim N, et al. Progressive neural architecture search [J]. arXiv preprint arXiv：1712. 00559, 2017：1-16.

[117] Ioffe S, Szegedy C. Batch normalization：Accelerating deep network training by reducing internal covariate shift [J]. arXiv preprint arXiv：1502. 03167, 2015：1-9.

[118] Hinton G E, Salakhutdinov R R. Reducing the dimensionality of data with neural networks [J]. Science, 2006, 313 (5786)：504-507.

[119] Lin M, Chen Q, Yan S. Network in network [J]. arXiv preprint arXiv：1312. 4400, 2013：1-10.

[120] Srivastava R K, Greff K, Schmidhuber J. Highway networks [J]. arXiv preprint arXiv：1505. 00387, 2015：1-6.

[121] Howard A G, Zhu M, Chen B, et al. Mobilenets：Efficient convolutional neural networks for mobile vision applications [J]. arXiv preprint arXiv：1704. 04861, 2017：1-9.

[122] Chollet F. Xception：Deep learning with depthwise separable convolutions [J]. arXiv preprint arXiv：1610. 02357, 2016：1-8.

[123] Real E, Aggarwal A, Huang Y, et al. Regularized evolution for image classifier architecture search [J]. arXiv preprint arXiv：1802. 01548, 2018：1-10.

[124] Liu W, Zeng K. Sparsenet：A sparse densenet for image classification [J]. arXiv preprint arXiv：1804. 05340, 2018：1-17.

[125] Xie S, Girshick R, Dollár P, et al. Aggregated residual transformations for deep neural networks [J]. arXiv preprint arXiv：1611. 05431, 2016：1-10.

[126] Huang G, Liu Z, Laurens V D M, et al. Densely connected convolutional networks [J]. arXiv preprint arXiv：1608. 06993, 2016：1-9.

[127] Krizhevsky A, Sutskever I, Hinton G E. Imagenet classification with deep convolutional neural networks [J]. Advances in neural information processing systems, 2012：1097-1105.

[128] You Y, Gitman I, Ginsburg B. Scaling sgd batch size to 32k for imagenet training [J]. arXiv preprint arXiv：1708. 03888, 2017：1-12.

[129] Ruder S. An overview of gradient descent optimization algorithms [J]. arXiv preprint arXiv：1609. 04747, 2016：1-14.

[130] Lipton Z C, Berkowitz J, Elkan C. A critical review of recurrent neural networks for sequence

learning [J]. arXiv preprint arXiv: 1506.00019, 2015: 1-38.

[131] Chambon S, Galtier M N, Arnal P J, et al. A deep learning architecture for temporal sleep stage classification using multivariate and multimodal time series [J]. IEEE Transactions on Neural Systems and Rehabilitation Engineering, 2018, 26 (4): 758-769.

[132] Murphree D H, Ngufor C. Transfer learning for melanoma detection: Participation in isic 2017 skin lesion classification challenge [J]. arXiv preprint arXiv: 1703.05235, 2017: 1-3.

[133] Huang G, Sun Y, Liu Z, et al. Deep networks with stochastic depth [J]. European conference on computer vision. Springer, 2016: 646-661.

[134] Bai S, Kolter J Z, Koltun V. An empirical evaluation of generic convolutional and recurrent networks for sequence modeling [J]. arXiv preprint arXiv: 1803.01271, 2018: 1-14.

[135] Miikkulainen R, Liang J, Meyerson E, et al. Evolving deep neural networks [J]. Artificial Intelligence in the Age of Neural Networks and Brain Computing. Elsevier, 2019: 293-312.

[136] Zhang X, Zhou X, Lin M, et al. Shufflenet: An extremely efficient convolutional neural network for mobile devices [J]. arXiv preprint arXiv: 1707.01083, 2017: 1-9.

[137] Cheng Z, Sun H, Takeuchi M, et al. Deep residual learning for image compression [J]. arXiv preprint arXiv: 1906.09731, 2019: 1-5.